全球控制和根除小反刍兽疫策略

（上 册）

联合国粮食及农业组织
世界动物卫生组织　编著

徐天刚　刘陆世　译

中国农业出版社

北　京

本书译审名单

翻译　徐天刚　刘陆世
审校　刘拂晓　樊晓旭　戈胜强
　　　吴晓东　李金明　王志亮

ISBN 978-92-044-989-8（OIE）

ISBN 978-92-5-108733-6（FAO）

ISBN 978-7-109-24860-1（中国农业出版社）

目 录

序 言

　　小反刍兽疫（PPR）严重影响非洲、中东和亚洲部分地区70多个国家的小反刍动物，作为一种高度传染性疫病，PPR每年导致上述地区的经济损失达15亿～20亿美元。在这些地区，绵羊、山羊存栏数量占全球总量的80％以上，同时生活着3.3亿以上最贫困人口，他们中许多人以饲养牲畜为生。PPR对粮食安全和小农生计造成巨大威胁，也影响了畜牧业经济效益。因此减少发生PPR流行的国家数量是我们共同的利益需要，应将根除PPR视为一项全球公益行动。

　　PPR作为最具破坏性的动物疫病之一，已经被FAO-OIE全球跨境动物疫病逐步控制框架（GF-TADs）五年行动计划列为优先防控的病种。作为对GF-TADs建议、OIE全球代表大会决议、FAO农业委员会（COAG）和FAO理事会建议的回应，GF-TADs工作组编制了《全球控制和根除小反刍兽疫策略》（以下简称"全球策略"），并在2015年3月31日至4月2日于科特迪瓦的阿比让召开的FAO/OIE全球控制和根除小反刍兽疫大会上公布。

　　本策略的意义并非仅限于对PPR的控制和根除。随着PPR控制和根除工作的深入，在动物疫病防控中作为中坚力量的兽医机构将得到强化，这将有利于兽医机构进行对其他重要小反刍动物疫病的联合防控工作。这种联合防控工作可降低疫病防控的总体成本。

本策略的制定借鉴了在全球范围根除牛瘟的经验，以及多个地区防控小反刍兽疫的经验。感谢为本策略做出贡献的行业内专家、各国和各区域的有关机构、决策者、发展伙伴和私营企业。我们还要感谢 **GF-TADs** 口蹄疫工作组的成员和所有为全球策略做出贡献的人员。

当今，对动物疫病防控投入的关注度不断提升，PPR 是许多政府及其发展伙伴关注的疫病之一。我们确信，FAO/OIE 全球策略框架能够提供必要的方法和策略，确保全球控制和根除计划的实施。

伯纳德·瓦拉特
总干事
世界动物卫生组织

王韧
助理总干事
联合国粮食及农业组织
农业和消费者保护司

致 谢

　　PPR 全球控制与根除策略由 FAO-OIE 的 GF-TADs 工作组起草，工作组包括两位联合主席，即 OIE 方面的 Joseph Domenech 和 FAO 方面的 Vincent Martin 及其继任者 Eran Raizman，组员有来自 OIE 的 Nadege Leboucq 和 Susanne Munstermann、来自 FAO/IAEA 联合办事处的 Adama Diallo，以及来自 FAO 的 Giancarlo Ferrari 和 Felix Njeumi。

　　在《全球策略》编制过程中，我们得到许多专家、主要国家、区域组织和特别团体代表的支持与协助，包括：

　　(1) 2014 年 10 月 8 ～ 10 日在意大利罗马召开的 PPR 专家会议的与会代表。此次会议讨论了《全球策略》第一稿。各国家、地区和国际组织、非政府组织和私营行业代表，OIE 和 FAO 参考实验室/中心的代表，各类区域项目执行机构代表，以及来自 OIE 和 FAO 区域代表处的专家参加了上述会议。

　　(2) GF-TADs PPR 工作组网络会议 (2014 年 2 月 3 日至 3 月 7 日) 的与会人员。这次会议为建立 PPR 全球研究与专家网络 (PPR-GREN) 做了准备。

　　(3) OIE 动物疫病科学委员会成员。

　　(4) 本策略的作者以及对具体章节或附件做出贡献的人，包括 Jonathan Rushton (英国皇家兽医学院，伦敦，参与社会经济学和成本计算部分)，Renaud Lancelot (法国农业研究国际合作中心，蒙彼利埃，参与流行病学、免疫后评估工具和成本部分），Marisa Peyre 和 Fanny Bouyer（法国农业研究国际合作中心，蒙彼利埃，参与社会学、免疫后评估工具部分），João Afonso 和 Alana Boulton（英国皇家兽医学院，伦敦，参与《全球策略》成本部分），Gregorio Torres（OIE，巴黎，参与疫苗免疫后评估工具部分）和 Tabitha Kimani（FAO，参与社会经济学部分）。

(5) 对本策略进行审议的专家，包括 Alf Fuessel（欧盟卫生与食品安全署，布鲁塞尔，比利时），Franck Berthe（欧洲食品安全局，帕尔马，意大利），Kris Declercq（OIE 动物疫病科学委员会），Philippe Dubourget（独立专家），Stephan Forman（世界银行，内罗毕，肯尼亚），William Amanfu（独立专家），Bandyopadhyay Santanu Kumar（新德里，印度），Georges Khoury（叙利亚兽医局）和 Hameed Nuru（全球家畜兽医学联盟，哈博罗内，博茨瓦纳）。

摘 要

小反刍兽疫（PPR）是由流行于绵羊和山羊中的一种高度接触性传染病，小反刍兽疫病毒属于与牛瘟病毒密切相关的麻疹病毒属，在非洲、中东和亚洲，该病是公认的最具破坏性的家畜疫病之一，严重威胁粮食安全和贫困农户（以绵羊和山羊为主的饲养者）的生计。2012年全球跨境动物疫病逐步控制框架（GF-TADs）指导委员会会议，2014年FAO理事会、FAO农业委员会（COAG）和OIE在OIE全球代表大会上以决议形式，都建议制定《全球控制和根除小反刍兽疫策略》(以下命名为"全球策略")，并表达了从横向和纵向两个方面系统地解决动物卫生问题的强烈意愿。

全球策略第一部分描述控制和根除PPR以及其他主要小反刍动物疫病的依据、一般原则和可使用的工具。

大约有3.3亿最贫困人口生活在非洲、中东和亚洲，他们饲养小反刍动物等牲畜。绵羊和山羊对于贫困家庭的生计非常重要，促进了国民经济发展。20世纪40年代早期，在科特迪瓦首次发现PPR，该病随后不断扩散，特别是在过去15年里，PPR已经影响到非洲大部分地区及中东、中亚、南亚和中国。

在最极端情况下，PPR发病率高达100％，死亡率可达90％。在PPR流行地区，死亡率可能较低，但这种疫病对畜群生产力的危害较严重。每年由PPR引发的动物死亡、动物产品减少和防疫支出造成的经济损失估计为12亿～17亿美元，其中，在非洲占经济损失的1/3，在南亚占1/4。通过根除PPR来避免这些损失，有望帮助小反刍动物饲养者增加收入并提高生产和盈利能力。

目前，大约有70个国家向OIE报告有PPR疫情或疑似感染PPR，其中60％以上位于非洲（包括北非），其他受感染国家位于东南亚、中国、南亚、中亚（含高加索地区和土耳其）和中东[1]。另有50个国家被认为存在PPR发生风险。截至2014年5月，全球有48个国家获得OIE的无PPR官方认可。

全球策略包括三方面内容。其一（组分1），要实现15年后根除PPR的最终目标。其二（组分2），要实现这个目标不可能是孤立无援的。良好的兽医机构（VS）是全球持续开展PPR（和其他重大跨境疫病）防控并取得成功所不可或缺的，因此，强化兽医机构是该策略的第二方面内容。其三（组分3），强化的兽医机构将创造更多的有利条件来防控其他需要优先防控的动物疫病。

通过SWOT分析法列举影响控制与根除PPR的目标实现的各方面条件，即从"优势（strength）、不足（weakness）、机会（opportunity）、挑战（threat）"四个角度来分析。其中，有利因素有：①有针对小反刍兽疫的安全高效的、可提供终生免疫保护的弱毒疫苗和高特异性、高敏感性的诊断方法，并按照OIE《陆生动物疫病诊断试验和疫苗手册》中的国际标准使用了指定的疫苗和诊断方法；②有较好的流行病学表现（动物无长期带毒现象，已知野生动物或除小反刍动物以外的家畜不是PPR病毒的贮存宿主）；③日益增长的对PPR防控工作的政治支持；④全球根除牛瘟项目（GREP）提供的可借鉴的经验教训。通过实施全球策略可以：(a)释放小反刍动物养殖业经济潜力，通过对小反刍动物疫病的联合防控来降低各项成本；(b)获得OIE对该国PPR无疫状态和国家PPR控制计划的认可。

1　此处原文是"the other infected countries being in Asia (South-East Asia, China, South Asia and Central Asia/West Eurasia including Turkey) and the Middle East"，原著对"Central Asia/West Eurasia"的解释是"亚美尼亚、阿塞拜疆、格鲁吉亚、哈萨克斯坦、吉尔吉斯斯坦、塔吉克斯坦、土耳其、土库曼斯坦、乌兹别克斯坦"。由于中西方文化差异和疫病传播路径导致的原著在疫病防控上的地区划分和常识概念不同，故本书将"Central Asia/West Eurasia"译作"中亚（含高加索地区和土耳其）"。——编者注。

实现控制和根除PPR的目标也受到许多不利因素的制约，如：①对小反刍动物群体迁移的控制力度不够，对有关畜群规模的信息掌握不准确，以及大多数发展中国家没有实施动物标识系统；②在某些类型的生产体系里，疫苗投递系统无法有效送至所有的小反刍动物饲养者，兽医机构面临大量后勤保障问题（如未能有效搭建起公、私双方的合作关系等）。

为了全球策略的顺利实施，除了PPR疫苗和特定的诊断方法外，还将采取以下措施。①OIE兽医机构效能评估工具（PVS）：有助于评估兽医机构是否符合OIE标准，明确要达到OIE标准所需解决的成本差距以及其他问题，如兽医实验室、相关立法和教育。②正在着手研发的PPR监控和评估工具（PMAT），以及免疫后评估工具（PVE）：PMAT的目的在于确定各国防控情况，给出对应本策略中四个阶段位置；PVE能够评估免疫效果，该工具通过被动监测、主动监测、参与式疫病调查、血清学调查、畜群生产力调查和社会学调查等多种方法，评估畜主对免疫工作的满意度。③建立PPR全球研究和专家网络（PPR-GREN）：在研究人员、技术机构、区域组织、知名专家和发展伙伴间建立稳固的伙伴关系，该网络同时将作为论坛，进行有关科学技术的咨询和讨论。

全球策略第二部分阐述了策略进展过程中的要点和四个主要阶段。全球策略的整体目标是通过促进小反刍动物产业健康发展来提高全球食品安全和营养水平，推动人类健康和经济发展，尤其是在发展中国家，帮助减少贫困、增加收入、改善小农户的生计并为人类谋福祉。全球策略的具体目标是：到2030年全球根除PPR，同时，通过加强兽医机构能力建设来减少其他主要传染病的危害，继而改善全球动物卫生状况。

我们将本策略的预期结果整理成一系列表格，来展示在实施本策略5年、10年后处于不同控制阶段的国家的期望比例，最终在15年后实现全球根除PPR的目标。那些兽医机构的关键能力达不到OIE兽医机构质量标准的国家，通过该策略的实施，有望且应该达到相应阶段的OIE标准。最后，其他需要优先防治的小反刍动物疫病的发病率也应降低到预期水平以下。

本策略在国家层面分四个阶段实施，从阶段1——评估流行病学状况开始，逐步降低流行病学风险和增强防控能力，直至阶段4——国家证明本国某一区域或全国无疫病流行，同时做好申请PPR OIE官方无疫认可的准备。考虑到不同国家间甚至同一国家内的疫病状况和基础环境各不相同，本策略给出的建议是：首先在PPR高度流行区开展控制工作以降低整体流行程度，然后集中防控力量使有可能实现（或已实现）根除目标的低流行率地区进一步巩固和扩大防控成果。对于已无PPR的国家，实施全球策略的作用是维持这种无疫状态。每个阶段的持续时间是可变的，主要取决于实际情况。本策略建议阶段1至少12个月，最长为3年；阶段2和阶段3为3年（2～5年）；阶段4为1～3年。对于每一个阶段，全球策略都给出了进入该阶段最低要求，流行病学状况和背景（环境）情况评估方案，各阶段的重点、特定目标，各阶段在5个技术层面的进展，及应开展的工作。每个阶段的5个技术层面的要素为：PPR诊断能力，监测系统，预防与控制体系，法律框架，及利益相关方的参与。最后，将运用PMAT、PVE和OIE PVS后续评估等手段对所开展的工作进行持续监控，以确保达到预期效果。

在区域层面，工作重点为协调区域内国家间的联合防控，并建立稳固伙伴关系。区域网络（特别是实验室和流行病学小组/中心）对区域工作至关重要，这一点已在全球牛瘟根除计划（GREP）中得到了证实。GF-TADs的区域动物卫生中心（RAHCs）汇集了区域内众多学科专家，可与相关区域经济共同体或其他地区组织［如非盟-非洲动物资源局（AU-IBAR），也是GF-TADs区域指导委员会成员］在区域层面上开展合作，进而在实施全球策略中发挥重要作用。

在全球层面，还将继续保留GF-TADs管理机构（全球指导委员会和全球秘书处、管理委员会），另外将新设一个秘书处负责实施全球控制和根除PPR计划（PPR-GCEP）。OIE和FAO的PPR参考实验室/中心以及OIE和FAO的流行病学协作中心将建立两个全球性网络，还将建立PPR全球研究与专家网络（PPR-GREN）平台。FAO/IAEA联合部门将在援助国家和区域层面的实验室方面发挥重要作用。

全球策略第三部分解释了GF-TADs如何在全球层面和区域层面发挥协调作用，特别是区域指导委员会与相关区域组织的合作。新设立的FAO-OIE全球秘书处将负责PPR全球控制和根除计划的实施。实现全球策略目标的关键内容包括开展监控和评估，因此将使用PPR监控和评估手段（PMAT）。有关国家将加入区域（或次级区域）PPR路线图，这些国家所属PPR防控阶段的评估结果将通过"验收程序"来确定。

在时间安排上，全球策略预设了3个五年阶段。PMAT和PVE工具（当实施疫苗免疫时）将监控各国每年的工作进展，精确评估进行到2020年，以指导后续工作。全球策略的预期效果通过时间轴从全球和区域的维度加以展示。对于兽医机构，每个阶段的关键能力和相应的预期值用表格来展示。

关于PPR全球策略所需的成本，需要注意的是内容2（加强兽医机构）和内容3（结合其他疫病防控工作）的成本并未被包括在内。这是因为各国在评估自身需求（在自愿基础上用PVS差距分析工具进行评估）后，才能投入成本支持兽医机构的发展；而实施PPR与其他疫病联合防控所需的成本，需要各国和区域工作组会议先行讨论确定优先防控疫病目录，而后才能制定有针对性的控制策略，而这其中有很多不确定性。但应强调的是，兽医机构将从PPR防控的投入中受益（如监测体系），从而最终有利于提升该国动物卫生工作水平。

这项为期15年的全球策略计划经费为76亿～91亿美元，其中前5年的花费为25亿～31亿美元。起初5年的目标是通过实施有效的免疫措施使PPR发生率下降16.5%。对不同情形的（模拟）测试都表明，通过周密的流行病学和经济分析确定出目标风险群体再实施免疫，能显著降低免疫成本，这些成本包括了各种情形下接近实际情况的疫苗使用量和相应的疫苗运输投递费用。总体而言，策略实施最初5年的年花费约为5亿美元。目前，单就PPR的年直接经济损失为12亿～17亿美元，而随着全球策略的成功实施，这一数字将减少至0。需要认识到的一个重要事实是，即使没有本策略，全球在未来15年仍将为一些缺乏针对性的免疫工作花费40亿～55亿美元，而这些投入是难以最终根除小反刍兽疫的。

缩略语

ARAHIS：东盟区域动物卫生信息系统

ARIS：动物资源信息系统

ASEAN：东盟

ASF：非洲猪瘟

AU-IBAR：非洲联盟-非洲动物资源局

AU-PANVAC：非泛非洲兽医疫苗中心

CAHWs：社区动物卫生工作者

CMC-AH：动物卫生危机管理中心

CC：（OIE兽医机构效能评估中的）关键能力

CCPP：山羊传染性胸膜肺炎

CEBEVIRHA：牲畜、肉类和水产资源经济委员会

CEMAC：中部非洲经济与货币共同体

COAG：FAO农业委员会

DIVA：区分感染与免疫动物

ECOWAS：西非国家经济共同体

EFSA：欧盟食品安全局

EMPRES：FAO紧急预防系统

EMPRES-i：FAO紧急预防系统下的全球动物疫病信息系统

FAO：联合国粮食及农业组织

GF-TADs：全球跨境动物疫病逐步控制框架

GCC：海湾合作委员会

GLEWS：（FAO/OIE/WHO）全球早期预警系统

GREP：全球牛瘟根除计划

GCES：全球控制和根除策略

HPAI：高致病性禽流感

IAEA：国际原子能机构

ICT：信息和沟通技术

LIMS：牲畜信息管理系统（SADC）

NGO：非政府组织

OIE：世界动物卫生组织

PANVAC：泛非洲兽医疫苗中心

PDS：参与式疫病监测

PMAT：PPR监控和评估工具

PPP：公私合作关系

PPR：小反刍兽疫

PPRV：小反刍兽疫病毒

PPR—GCEP：全球小反刍兽疫控制和根除计划

PPR—GREN：小反刍兽疫全球研究和专家网络

PVE：免疫后评估工具

PVS Pathway：OIE兽医机构效能评估途径

RAHC：区域动物卫生中心

REC：区域经济共同体

REMESA：地中海动物卫生网络

RLEC：区域牵头流行病学中心

RLLS：区域牵头实验室

RP：牛瘟

RVF：裂谷热

SAARC：南亚区域合作联盟

SADC：南部非洲发展共同体

SWOT：优势-不足-机遇-挑战

TAD：跨境动物疫病

VPH：兽医公共卫生

VS：兽医机构

WAEMU：西非经济和货币同盟

WAHID：世界动物卫生信息数据库

WAHIS：世界动物卫生信息系统

WTO：世界贸易组织

引 言

　　小反刍兽疫（PPR）是能引起小反刍动物广泛传播、高致病性和毁灭性的疫病。它对粮食安全和人类生计造成重大经济影响。因此在非洲、中东和亚洲，PPR 被认为是最具破坏性的动物疫病，也是 FAO-OIE 全球跨境动物疫病逐步控制框架（GF-TADs）[1] 全球五年行动计划 [2]（2013—2017）确定的优先防控疫病。

　　2012 年 10 月，GF-TADs 全球指导委员会要求 GF-TADs 全球工作组拓展工作领域，包括开展 PPR 相关事务，具体涵盖了开发 PPR 全球控制策略和组织召开国际会议以启动 PPR 根除计划。随后，这一建议分别得到 OIE（2014 年 5 月 OIE 全球代表大会决议）、FAO 农业委员会（COAG，2014 年 10 月会议建议）和 FAO 委员会（2014 年 12 月会议建议）的支持。

　　2013 年，OIE 和 FAO 决定共同在全球范围内控制 PPR 并开展《全球策略》，以期从横向、纵向（具体疫病）两个维度系统解决该动物卫生问题。

　　PPR 根除目标的实现将得益于一系列有利因素，包括根除牛瘟的经验，多方面技术优势（如有效的诊断方法和监测工具，对所有已知病毒株/系有效且廉价的疫苗，染病家畜不会长期带毒，以及野生动物在疫病传播方面作用不明显等），2014 年调整的 OIE《陆生动物卫生法典》相关章节（PPR 官方无疫认可），PPR 国家控制计划备案，对畜主的直接经济影响，以及不同的决策者在国家、

　　1　2004 全球跨境动物疫病逐步控制框架由 FAO/OIE 于 2004 年启动。
　　2　全球行动计划是基于 GF-TADs 全球和区域指导委员会会议结论和建议，五个 GF-TADs 区域行动计划和其他在 GF-TADs 机制下开展的重要会议的成果。

区域和全球层面投资实施PPR控制和根除策略的不断增长的政治承诺。

　　策略根本目标是通过控制和根除PPR和其他重大疫病，加强兽医机构和全球动物卫生系统，改善动物卫生状况，减少疫病影响，通过这种方式强化小反刍动物养殖行业对全球粮食安全与经济增长的促进作用，同时改善小农和贫困农民的生活条件。

第一部分 ■■■■
一般原则和工具

1 根除PPR的理论分析

1.1 全球PPR概况

  自20世纪40年代早期在非洲科特迪瓦首次发现PPR以来，PPR传播的地理范围不断扩大，流行地区已不仅限于非洲西部。在过去的15年里，疫病传播呈显著的地域扩张趋势，目前中亚、南亚和东亚大部分地区已成为PPR疫病流行区。目前约70个国家已经向OIE报告感染或疑似感染案例，另外有50个国家被认为存在PPR发生风险。这些被感染国家中，60%以上位于非洲（包括北非），其余位于亚洲（东南亚、中国、南亚和中亚，包括土耳其）和中东。截至2014年5月，全球有48个国家获得OIE的无PPR官方认可。尽管这些位于美洲和欧洲的国家历史上就是无疫地区，但OIE还是建立了一个国际认可的程序（如同牛瘟的无疫认证）供其他国家参照。

  2007年以前，官方确定有PPR感染的国家仅为地处撒哈拉沙漠和赤道之间带状区域的国家，埃及除外。然而在2007年，PPR给刚果共和国、乌干达和肯尼亚造成了重大损失。从那年起，疫病不断向南蔓延，覆盖到刚果民主共和国、坦桑尼亚、赞比亚、安哥拉和科摩罗。在北非，先后波及摩洛哥、突尼斯和阿尔及利亚。

1.2 理由

1.2.1 关于小反刍兽疫

■■■ 人类与小反刍动物

据估计，在整个非洲，中东和亚洲有3.3亿贫困人口从事牲畜饲养。小反刍动物（主要是绵羊和山羊）在贫困家庭的生计和粮食安全中扮演着重要的角色。小反刍动物对其拥有者和管理者来说是非常重要的家庭财产，它能提供奶、奶制品、肉、肉制品、纤维和羊毛。饲养小反刍动物是一种赚钱养家的方式，诸如可以用于支付学费以及储蓄，相当于一个"移动银行"。此外，这些小反刍动物对于土壤增肥发挥着重要作用，其粪肥是种植作物的良好肥料。

在许多系统，尤其是小农生产系统中，妇女在小型小反刍动物生产中非常重要，需要考虑性别因素。

绵羊和山羊对于商贸人员的生计也至关重要，这些人员买下动物并带到城市中心。贸易涉及运输、动物屠宰、肉品加工和皮革处理等行业，也就增加了就业的来源。小反刍动物贸易有着一定的地理方向性，以肯尼亚的情况为例，绵羊和山羊从索马里、埃塞俄比亚和苏丹运往内罗毕。在索马里、吉布提和埃塞俄比亚，活畜贸易延伸到中东和阿拉伯半岛，每年出口绵羊和山羊300万～400万只。类似的绵羊和山羊交易体系的特点也表现在中东和亚洲的其他区域。

绵羊和山羊生产及价值链的最大受益群体包括农村和城市的消费者。受PPR影响地区的消费者达54亿人。随着城市化生活进程的加快和财富的日益增长，消费者需求正在改变。这些消费者需要获得高品质动物产品如奶、奶制品和肉类、动物皮革、服装所需的羊毛和纤维。随着需求的提高，需要改善生产和供应系统以保持合理的价格。绵羊和山羊产品的供求波动会影响整个社会，在特定阶段会影响许多消费者的饮食搭配。

总之，绵羊和山羊的规模化生产养殖、贸易、加工和消费，意味着很多人都能够参与其中，因此这些小反刍动物对他们生计非常重要。数以百万计的人们都在生产系统及其相关价值链之中，依靠小反刍动物为他们的事业和家庭带来收入。这些人通常相对于社会上其他群体是贫困群体，绵羊和山羊生产的微小波动都会对其造成影响。

PPR与人类

在受PPR影响地区大约生活着54亿人口。在农村地区，许多人都是依靠饲养绵羊和山羊为生。PPR造成的影响相当大，不仅影响到饲养绵羊和山羊的家庭，也影响到这些生产系统的价值链上的各相关方。绵羊和山羊生产和价值链需要稳定发展。因此，决策者应该优先考虑消灭动物疫病，特别是跨境动物疫病如PPR，关注如何降低食物价值链对相关人员和消费者的风险。对PPR的控制和根除措施，不仅会提高小反刍动物饲养体系人群收入，也会降低成本，提高生产力和营利能力，进而推动国家经济发展。

在农村地区，许多人拥有绵羊和山羊，也有许多人受当地绵羊和山羊经济效益的影响。PPR等疫病的发生会对生产造成直接损失，提高有关监测、控制和预防的成本。更难估计的是PPR对贸易的影响：传染性疫病的存在将很快改变当地的贸易格局，往往会导致国际贸易禁运。这些风险难以量化和更难以管理，导致绵羊和山羊生产系统投资不足，也会导致贸易发展怠滞、屠宰和加工设施缺乏。

小反刍兽疫病毒是一种与牛瘟病毒密切相关的麻疹病毒，能够引起小反刍动物严重发病。在最严重的情况下，PPR发病率为100%，死亡率高达90%。在疫病流行地区，死亡率可能稍有降低；然而这种疫病产生的危害不易察觉，后果可能更为严重，它会抑制羊羔和幼仔的发育，影响成年动物对其他疫病的免疫抵抗力。总之，PPR是限制畜群健康发展的因素之一。

据估计，每年PPR造成的直接损失为12亿～17亿美元。估算目前PPR疫苗花费在2.7亿～3.8亿美元。每年仅PPR自身影响就可能在14.5亿～21亿美元。全球因PPR造成的财政负担，非洲大约占1/3，南亚占1/4（图1-1-1）。如果成功根除PPR，将减免这一负担。控制和根除计划成本估计为25亿美元（全价成本），该成本相比于最初的5年启动期（即每年约为5亿美元）要低。将PPR影响减少42%所消耗的经费就可与年度PPR防控成本持平。

附件1将讨论所有PPR对社会经济的影响情况。

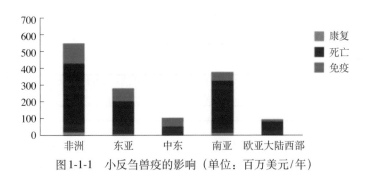

图1-1-1　小反刍兽疫的影响（单位：百万美元/年）

1.2.2 强化兽医机构

OIE在《陆生动物卫生法典》（以下简称《陆生法典》）中设置两个章节描述兽医机构质量。按照OIE《陆生法典》定义，兽医机构（VS）包括公共和私人部门的兽医和兽医辅助人员。

遵守 VS 质量标准为实现其他 OIE《陆生法典》的规定项目提供了基础，例如将增加国际贸易中兽医机构认证的可信度。更被普遍认为的是，提高兽医机构质量和管理水平将会为改善动物健康和公共卫生营造一个有利环境，促进在国家、区域和国际层面符合《实施动植物卫生检疫措施的协议》（《SPS 协议》）的标准。

兽医机构质量取决于一系列因素，包括道德伦理、组织、立法、监管和技术性质的基本原则。有些因素直接与兽医机构管理水平相关，这是经济可持续发展的必要条件，因为它能促进服务的有效交付并提高动物卫生系统的整体性能。兽医机构的任务与动物疫病控制和根除以及支持经济发展相关，因而被视为是一种公益事业；兽医机构的任务也与全球减贫和确保食品安全的目标相关，因而能够促进实现 2015 年后可持续发展目标和联合国的零饥饿挑战目标。

1.2.3 与小反刍动物的其他重大疫病防控相结合

PPR 防控与其他疫病控制措施结合有几个益处，其中最主要的一条是通过这种联合活动实现规模经济。随着全球范围内逐渐意识到消灭重大动物疫病可以保障食物生产和增加收入，实现联合防控的机遇在逐渐成熟。例如，PPR 控制计划的主要成本在于为投送、运输 PPR 疫苗和进行疑似 PPR 疫情的调查所花费的运输成本以及技术人员抵达目标群体所需的时间成本（目标群体包括小农生产主、畜主和牧民。这样就能通过以提供信息和技术的方式来管理其他动物的健康问题，实现联合免疫（同时免疫多价疫苗或联合免疫几种单价疫苗）。

为了确定可以与 PPR 开展联合防控的疫病，已经进行了一些试验，比如那些在 GF-TADs 区域和全球指导委员会的五年行动计划中确定为优先防控的疫病。一些病毒性和细菌性疫病是很好的备用选择，如绵羊和山羊痘、巴氏杆菌和布鲁氏菌病。在某些地区和农业系统实行联合防控措施对PPR和其他疫病的防控措施可能会有特殊的经济意义，如裂谷热（RVF）或非洲的山羊传染性胸膜肺炎（CCPP）和中亚地区口蹄疫。少数传染性差但可能造成重大经济损失的传染病，如体内和体外寄生虫（如在非洲锥虫病）以及肠毒血症或炭疽，是否应包括在联合控制计划内，这些问题也值得探索。

然而，要注意的是，结合控制和根除PPR开展的针对其他疫病的控制措施可能会减少公众对PPR根除的关注。在定义《全球策略》组件3时，必须仔细考虑这种风险，平衡利弊。只有根据区域和国家具体情况进行分析才能确认对几种疫病进行联合防控是否合适。

1.3 总则和SWOT分析

1.3.1 总则

实施全球策略[1]将根据以下基本原则[2]：

>解决疫病来源：PPR可能传入目前无PPR流行且大量饲养小反刍动物的国家，如果针对此问题根源采取的控制措施能得到处于风险国家的支持，那将成为一个双赢的局面。

>采用基于风险的逐步控制方法：此方法必须足够灵活，能够适应国家和区域策略环境，尤其是社会经济背景。

1　要注意，"控制"和"根除"之间并不对立。"控制"意味着在一个国家某些地区或生产体系逐步抗击疫病，并且在实施控制方法的地区，预期在小反刍动物目标群体内消除病毒。"根除"这个词用于实施控制措施且预期在整个国家或地区消除病毒。

2　基本原则可以是联合国粮农组织和世界动物卫生组织在定义全球策略（如明确疫病来源或使用基于风险方法、专注牧区或农牧区系统、使用根除牛瘟经验、国家集中策略等）时参照的，或对于策略成功实施至关重要的外部条件（如政治承诺、政府财政支持和捐助者等）。

>重点关注牧区和农牧区生产系统：相比位于半湿润半干旱地区和湿润地区以作物种植为主的生产系统，PPR 在牧区和农牧区生产系统的流行更为普遍。此外，PPR 经常由牧区和农牧区生产系统传入或重新传入种植-畜牧混合型生产系统。由于这两个原因，控制计划将侧重于后者。

>来自各国政府、地区和国际社会的政策支持以及政府和发展伙伴的金融投资是全球策略成功实施的关键要素。

>所有利益相关者参与：确保所有利益相关者（牲畜生产者和畜主，交易员、民间团体等）参与设计、实施疫病监测和报告以及疫病的防控，包括生物安全措施。除了兽医机构和农户，还应该考虑非政府组织的作用。

>沟通是关键：为获取农户和其他行动方的积极参与，必须设计和做好沟通。

>能到达所有生产者的投送系统：PPR 成功根除的概率与控制和根除措施覆盖的程度相关，特别是疫苗免疫，这件事可能难以在以农作物生产为主的湿润地区（因为小反刍动物密度较低）的小农生产系统或在非常偏远或不安全的地区实施。投送系统的质量和适应性能将是实施策略的关键，应该考虑所有的可能性，包括假定有适当立法和兽医监督到位的情况下任用兽医辅助人员和社区动物卫生工作者。

>改善动物卫生状况是一项全球公益事业，所有国家都应为高度传染性疫病（如PPR）的防控做出贡献，因为如果一个国家无法控制动物健康危机，将会危及全世界动物生命和人类的生计。

>控制和根除活动的费用分担问题将视防控和根除路径的形势而定。在控制阶段（阶段2），费用应由畜主承担（为了私人利益）；但在根除阶段（阶段3），例如当疫苗免疫变为强制措施时，相关活动会得到高额补贴（为了公共利益）。

>通过对兽医机构良好的管理以及OIE标准的使用建立一个适

宜的制度环境：在管理和制度方面，使用OIE标准为动物疫病防控营造适当的环境很重要。这适用于兽医机构（使用PVS途径指导的国家）以及解决更多的技术问题，如监测、疫苗和诊断测试质量。它也适用于动物的进出口，为了避免传入疫病，即使不是PPR无疫的国家，也应在引进小反刍动物时严格遵守OIE《陆生法典》标准。

>从根除牛瘟过程中获取的经验（特别是在对国际和地区协调方面），从某些国家或地区的过去的或正在进行的PPR控制计划中获得的经验，以及从应对H5N1禽流感危机的过程中获得的经验都值得借鉴。

>与现有的国际和地区组织发展伙伴关系，全方位实施全球策略：全球策略的管理和实施是建立在现有国际机构（OIE、FAO、GF-TADs、IAEA）和相关区域共同体之上的，而不是创造新的架构。还将与现有的次级区域项目、捐助者、民间团体和私营部门（疫苗生产企业、国际私人兽医联合会等）加强合作伙伴关系。

>使用激励措施促进PPR控制和根除：使用激励措施支持全球策略并鼓励牲畜饲养者参与，以一些要素为基础，比如将PPR免疫与其他重要小反刍动物疫病的控制活动相结合，以便能够最大限度防控其他小反刍动物传染病。获得OIE官方PPR无疫认可或国家PPR防控计划认可也是一种强大的激励，对于国家兽医机构和某种程度上以出口为主的的农场以及贸易商而言，尤其如此。

>以国家为中心的策略：即使在全球层面必须采取区域协调措施，但值得一提的是，大多数活动仍将在国家层面进行。

>国家、区域和全球层面的能力建设是策略的主要内容。

>更多基于社会经济分析得出的倡议：关于加大对PPR防控投资的倡议应主要基于控制项目的成本效益分析，评估其影响，尤其是对小农户以及农村发展的影响。

>对于评估全球策略实施成果、相应调整或更新控制方法和策略以确保最优性能而言，监控和评估活动不可或缺。

1.3.2 SWOT分析

优势	不足	机会	挑战
组分1——PPR控制与根除			
减毒活疫苗非常有效和安全 诊断测试方法有效可用 动物不存在带毒现象 没有野生动物或除小反刍动物以外的家畜宿主（即在疫病流行中能够发挥重要作用） 有可用的OIE国际标准支持PPR防控策略	贸易增加了小反刍动物活体流动性 缺乏可靠的小反刍动物群体规模信息；需要定期普查 在大多数国家缺乏对小反刍动物的身份识别 疫苗运输系统在送达某些生产系统的小反刍动物畜主过程中表现低效[a] 由于高周转率，难以维持给定的子群体内的畜群免疫率 疫苗冷链需求不到位 缺乏DIVA疫苗和配套诊断试验 缺乏私人和非政府利益相关者的参与，如私人兽医，社区动物卫生人员 公私合作关系（PPP）不够发达的，疫苗投送受阻 畜主对于防控动物疫病益处理解不足 相比于牛，绵羊和山羊个体价值有限，导致畜主用于支付动物卫生服务的金额准备有限	对控制和根除PPR的政治支持日益增长 使用牛瘟根除经验 可能出现规模化经济和后续由于PPR防控与其他小反刍动物主要疫病防控结合带来的计划成本相对减少 通过OIE官方对PPR无疫认证和对国家控制计划的认可带来的激励作用 非政府组织在某些国家对动物生产的发展作用提升	受感染的国家存在政治上的不稳定性和安全问题，对邻国构成长久的威胁（例如当前的中东、北非和周边地区） 一些国家对PPR状况缺乏透明度

优势	不足	机会	挑战
组分2——强化兽医机构			
从最近的危机获得经验，如H5N1高致病性禽流感（HPAI）或欧洲口蹄疫 意识到兽医机构重要性 兽医机构质量控制实行OIE标准 受认可预操作工具（PVS路径）的可用性，已在许多国家实施并指导投资、强化兽医机构 强化兽医机构的政治意愿 在全球和地区层面已有GF-TADs机制 改进的信息与通信技术	动物疫病的发病与流行 部分国家兽医机构薄弱 在一些国家的政治议程中其他事务优先级别高于动物卫生和兽医公共卫生 消费者、利益相关者作用微弱 私人从业人员网络不完善 缺乏专业组织（尤其是生产者和消费者） 缺乏适当的营销系统，农业和工业部门之间的内部经济联系薄弱	兽医机构从事的是全球公益事业，理应获得官方投资和国际援助 全球对动物蛋白的需求日益增长 畜牧业发展潜力巨大 畜牧业饲养规模扩张潜力巨大 有进入高价值市场的可能 加入世界贸易组织（WTO）的国家数量增加 捐赠方对强化兽医机构兴趣加强 私人在动物卫生和食品安全领域的投资 兽医监督下，在特定的情况使用兽医辅助人员和动物卫生工人，发展公私合作关系的可能性	管理水平对兽医机构递送能力的影响 漫长陆地边界加大了TADs入侵风险，特别是在受邻国疫情威胁的国家可能缺乏透明度 牧区牧民技术薄弱

优势	不足	机会	挑战
组分 3 ——预防和控制小反刍动物其他重大动物疫病			
有些已经在PPR和兽医机构方面提及，例如在以往危机中获得的经验，认识到兽医机构作用，可用PVS路径，在全球和地区层面GF-TADs机制有效 控制疫病的政治意愿 可用某些疫病疫苗 改进的信息与通信技术 针对多种动物疫病的OIE标准	有些已经在组分1和组分2中提及，例如需要改进VS，缺乏适当的投送系统和公私合作关系，其他事务优先级高于动物卫生和兽医公共卫生（VPH）、一些利益相关者作用薄弱（生产者和消费者，私人兽医等） 对一些疫病缺乏足够有效的疫苗 没有多价疫苗可用于联合免疫（在动物机体同一部位免疫一次就能防控几种疫病） 注：这可被视为疫苗制造商和研究人员开发新产品一个机会）	有些已经在PPR和VS提到，例如全球对动物蛋白需求的增长，畜牧业发展潜力巨大，可能进入高值市场，捐赠者对动物产品和改进控制动物疫病的兴趣提高，PPP对动物卫生系统效能提升的作用等	有些已经在组分1和组分2中提到，如VS的良好管理，缺乏边境控制（特别是与有风险国家），牧区牧民技术薄弱 有些小反刍动物疫病没有被列为考虑控制的重点 有时认为加入其他疫病会干扰对PPR的逐步控制** 一些国家对动物疫病的情况缺乏透明度 由于气候变化、生态系统改变等引起新疫病的出现

注：*如，在边缘化广泛性的生产系统和/或小农户系统，进入公共或私人机构和产生的政治影响力有限，或在某些情况下在游牧系统内。

** 失去对PPR的关注，成效不佳，或出现由于针对不同疫苗实施不同免疫程序可能导致畜主产生混淆。

2 地区形势[1, 2]

■■■东亚、东南亚、中国和蒙古

2007年PPR首次传入中国。自2013年年底以来，中国31个省份中已有22个报道发生PPR感染。已经在27个省份采取扑杀和疫苗免疫（3亿头份）措施，极大降低了疫情暴发的数量。

东盟成员国和蒙古没有疫情报道。

■■■南亚

在南亚，SAARC成员于2011年制定区域路线图。几乎所有的SAARC成员都报告了PPR感染。在高风险地区已经实施疫苗免疫措施。一些国家，如阿富汗和巴基斯坦，得到了FAO有力的技术支持。

■■■中亚

在中亚[3]，少数国家有或已经感染，但确切的情况并未可知。已在几个国家使用疫苗免疫，有必要进一步协调实施PPR控制和根除计划。

土耳其是受PPR感染严重影响的国家。已经实施疫苗免疫，面临的主要挑战是防止疫病传入欧洲。

1　附件2将给出更多细节。

2　每个区域或次区域中的国家名录主要是基于在FAO和OIE区域委员会和相关区域经济体内的成员关系。具体国家名录见第三部分"2　监控与评估"一节。

3　这个地区组织包括土库曼斯坦、哈萨克斯坦、乌兹别克斯坦、吉尔吉斯斯坦、塔吉克斯坦和高加索地区国家（格鲁吉亚、阿塞拜疆和亚美尼亚）。由于流行病学原因，一些中东（叙利亚、伊朗）、南亚地区（阿富汗、巴基斯坦）国家以及土耳其与中亚国家相连，因此被邀请参与欧亚大陆西部地区会议。

中东

PPR在这个地区的形势令人满意，但一些国家受到感染，应该更好地评估其他地区的详尽局势。所有国家正在进行监测，这一监测意识正在增强。然而，在2014年举行的FAO-OIE GF-TADs研讨会指出了目前面临的限制因素，如缺乏区域流行病学监测和实验室网络，对小反刍动物的移动情况控制不足，以及缺少沟通。下一步将针对该地区制定区域PPR防控策略，目前海湾合作委员会（GCC）秘书处正在着手编制一个专门针对GCC的PPR控制策略。

中东三个国家（伊拉克、叙利亚和也门）拥有大量小反刍动物种群，目前的政治动荡阻碍了PPR以及其他重大疫病的监测和控制计划。这使邻国面临重大风险。

欧洲[1]

欧洲没有PPR病毒流行传播，该地区有29个国家获得OIE的无PPR官方认可。由于近年来周边地区（如北非和土耳其）PPR疫情不断扩张，导致传入风险增加，2015年欧洲食品安全局（EFSA）发表了一份报告，对PPR传入欧盟的风险进行了评估。

北非

目前北非一些国家出现PPR，且其毒株于近年出现演变。2008年在摩洛哥首次出现了PPR，病毒属于Ⅳ系（该系主要在南亚和中东地区流行），这一毒株也出现在突尼斯和阿尔及利亚，并普遍存在于埃及。血清学调查显示利比亚有疑似病例，但没有正式报告。在毛里塔尼亚，分离到的PPRV属于Ⅱ系。

摩洛哥于2008年开始实施大规模疫苗免疫，并在2010—2011

---

1 地理学角度上的欧洲（不属于FAO或OIE欧洲区域委员会的国家）。

年仍在继续。结果表明，通过大规模疫苗免疫可以控制PPR。在北非设计和实施地区性的PPR控制策略至关重要，由地中海动物卫生网络平台负责协调（*Réseau Méditerranéen de Santé Animale*，REMESA）有关区域政策和动物卫生领域相关活动。

▇东非

东部非洲的所有国家都受感染，区域策略已经制定。目前，疫苗免疫活动主要是应对疫病暴发，但在肯尼亚和索马里等几个国家受FAO、AU-IBAR及相关区域组织的大力支持，正在开展更为广泛的免疫措施。

▇南部非洲

目前大多数南部非洲国家没有PPR。一些国家发生PPR后，为迅速限制/控制PPRV在这些国家的传播，防止疫病蔓延到邻近国家，并最终在南部非洲发展共同体（SADC）实现PPR的根除，SADC于2010年制定区域PPR控制策略。南非是获得OIE的无PPR官方认可的国家。

▇中非[1]和西非

所有中非和西非的国家都存在PPR感染，它们在控制和消除PPR上面临着多种制约。在区域层面上，区域经济体（如ECOWAS、CEMAC、CEBEVIRHA、WAEMU等）和其他地区组织需要增加其政治承诺以及金融和技术支持，并发展伙伴关系。FAO开展了多项国家项目，支持实验室诊断（连同IAEA）、监测和实地操作、疫苗生产（连同AU-PANVAC）以及制定国家策略计划等。由比尔及梅琳达·盖茨基金会提供资助，OIE在加纳和布基纳法索实施一项

---

1 如无特殊说明，本书中的"中非"指中部非洲，为避免混淆，提到"中非共和国"时使用其全称。

实地试点，目的是明确阻碍疫苗免疫计划成功实施的主要制约因素，与AU-PANVAC一起提高质量可控疫苗的产量和可用性，并建立地区疫苗库。从中吸取的经验教训有助于这个全球策略的制定。

在非洲，AU-IBAR的支持至关重要，在2014年AU通过了全非洲PPR控制策略。

在全球、区域和国家层面，FAO和OIE支持区域组织和成员国与国际原子能机构就实验室事务开展合作。OIE《陆生法典》中新增的关于PPR的章节意味着现在可以申请OIE官方PPR无疫认可或者申请PPR的国家控制规划认可。FAO在2014年发表了"意见书"，并实施了各种国家发展项目。在地区和国际层面，FAO和OIE在GF-TADs框架内合作，积极倡导并给成员提供适当的技术支持。

3 设置三个集成组分的理由

根除PPR是全球策略的最终目标，计划用15年时间完成。

但是，PPR策略不能是一个"独立的"活动。PPR的全球策略提出良好的兽医机构离不开成功和持续实施PPR（和其他主要TADs）防控，此外还有其职能工作，如食品安全、防止出现抗生素耐药性及动物福利。有效的兽医机构是构建PPR防控有利环境的基石。因此，国家想要向根除目标迈进，必须加强兽医机构能力，这就是全球策略的组分2。通过适当的联合防控措施，如其他主要疫病的疫苗免疫、流行病学调查、诊断活动和治疗，能够创造更加节约成本的模式，有机会防控其他优先疫病，即组分3的目标。

强化兽医机构建设、控制PPR和其他优先疫病，这三者是互补关系，相得益彰，因此全球策略包括这三个组分：

>PPR控制和根除；

>加强兽医机构建设；

>提升其他小反刍动物重大疫病防控工作。

4 工具

4.1 信息系统

■■■ OIE WAHIS-WAHID

世界动物卫生信息系统（WAHIS）是一种基于互联网的计算机系统，能够实时处理有关动物疫病的官方数据，然后通告国际社会。只有授权用户（即OIE成员代表和他们授权的代理人）才能访问这个安全网站。该系统由两部分构成：

＞早期预警系统，通过"预警信息"方式向国际社会通报OIE成员境内发生的相关流行病学事件。

＞监测系统，用以监控OIE疫病名录中动物疫病在特定时间段内存在与否。

登录WAHID可以访问WAHIS的所有数据。其中的信息可谓包罗万象：①国家提交的快速通报和后续报告，提供发生在其领土上的异常流行病学事件更新；②半年报告，提供每个国家/地区的OIE名录中疫病的卫生状况；③年度报告，提供动物卫生信息和各国兽医人员、实验室、疫苗等信息。

■■■ FAO EMPRES-i

联合国粮农组织紧急预防系统（EMPRES）下的全球动物疫病信息系统（EMPRES-i）是一个基于网络的应用程序，旨在通过促进地区和全球疫病信息交流来支持兽医机构工作。

EMPRES-i旨在报告全球疫病事件，FAO从各种来源接收此类信息。为了验证这些信息，EMPRES以及粮农组织/世界动物卫生组织/世界卫生组织全球早期预警系统（GLEWS）的信息纳入了官方和非官方信息。这些信息用于编制和发布预警报告。同时它还被输入到EMPRES-i数据库中，并以结构化和摘要化的格式呈现给公众：疫病事件数据库，制图/绘图工具。

EMPRES-i提供、更新全球动物疫病的分布信息并指出在国家、地区和全球级别所面临的威胁。它还提供了查找病原体遗传信息以及出版物、手册和其他资源（比如参考实验室名单和首席兽医官）的具体联系方式。

在疫病事件专栏，EMPRES-i的使用户能够根据定义的搜索条件（疫病、日期、物种、位置等）轻松地访问和检索全世界动物疫病暴发/病例信息。数据输出便捷，可选择两种可用的格式（PDF和Excel）以便进一步分析。

除了这些国际工具，在区域层面［例如非洲动物资源信息系统（ARIS），南部非洲发展共同体区域内牲畜信息管理系统（LIMS）和东盟区域动物卫生信息系统（ARAHIS)］也有信息系统可用，正在开发一些新方法如移动电话应用技术（如短信、"EpiCollect"）和社交媒体等，最终都会在宣传教育、报告和数据收集方面发挥至关重要的作用。

4.2 监控和评估工具（PMAT）

PPR的监控和评估工具（PMAT）是伴随全球策略实施而开发的配套工具。

PMAT的目的是根据PPR全球策略中定义的四个不同阶段（评估阶段、控制阶段、根除阶段、后根除阶段）将有关国家归类，相对应的组合可以减少流行病学风险水平和提高防控水平。

PMAT还可以指导和帮助已经着手进行PPR防控的国家开展工作。值得注意的是，PMAT给PPR流行国家做出基于流行病学证据和相关工作实际的有针对性的指导，具有里程碑意义。

PMAT可由国家进行自我评估或根据自身要求请外部专家（要

访问该国）实施外部独立评估。评估结果（使用PMAT）将在年度区域GF-TADs的PPR区域路线图会议上进行评议和讨论，并用于国家GF-TADs的PPR阶段性建设。

完整的PMAT描述见附件3.3。

4.3 免疫后评估工具

疫苗免疫是在高风险或流行地区预防和控制PPR的关键。为评估疫苗免疫活动的有效性，可以使用几种方法，细节描述见附件3.4。为了评估畜主对疫苗免疫成效和其他参数的看法，以及疫苗免疫后指定时间段内对血清学调查的认知，可采用参与式技术来实现。

如果选择血清学监测方法评估疫苗的有效性，评判要求可因国家的疫病流行情况、预算和需求不同而异。更多细节参见附件，使用不同程序对以下目标或组合进行评估，具体如下：

>疫苗免疫引起的免疫应答；

>在给定的时间点及时进行群体免疫；

>随着时间的推移，群体免疫发生变化，疫苗免疫后继续实施免疫后评估工具（PVE）工作。

对于疫苗免疫本身而言，最好在实施疫苗免疫和PVE之前对利益相关者进行宣传教育。

疫病监测系统适合监测病毒入侵或病毒循环传播，特别要关注国家未实施疫苗免疫的部分畜群，应该做到位，以便合理解释PVE结果。根据特定的流行病学环境使用不同的监测策略。

4.4 疫苗

全球根除牛瘟计划成功的关键条件之一是使用的牛瘟疫苗非常有效，能保护动物抵抗所有牛瘟病毒株的感染。在PPR的预防和控制中也有类似的工具。已证实现有PPR减毒活疫苗可诱导动物产生终身免疫保护力（附件3.2）。

目前有20多个疫苗生产企业在生产PPR疫苗。因此，在临床使用这些生产商的产品前，确保其产品符合OIE疫苗质量标准是至关重要的。在这方面，认证机构应该是一个独立的机构，如非洲联盟-泛非洲兽医疫苗中心（AU-PANVAC），在非洲，它确保了各种动物疫苗的质量控制符合要求，包括PPR疫苗。PANVAC是OIE和FAO兽用疫苗质量控制协作/参考中心。

目前PPR病毒（PPRV）减毒疫苗不耐热，为避免疫苗因温度过高而失活，需要使用不间断的冷链去保护，直到其应用于动物免疫。目前商品化疫苗是冻干苗，在2～8℃条件下保持稳定至少2年，在-20℃条件下则保存多年。一旦疫苗打开，需要尽快使用，稀释后在30分钟内使用。大多数PPR地方流行区气候炎热，通常没有良好的基础设施来保障所需冷链条件，难以维持疫苗效价和有效性。为了解决这个制约因素，许多实验室通过改善冷冻干燥条件，加入冷冻保护剂，已经成功研发具有耐热性能的PPR疫苗。将这些新技术持续转让给疫苗生产商，预计将能提高最终产品投送的质量。

应考虑设立地区疫苗库以确保在面对突发事件时有疫苗可用。OIE用虚拟滚动储备的概念建立了疫苗库：供应商（通过基于国际标准的要求投标而选中的疫苗生产企业）在有需求时生产疫苗或保有有限的疫苗库存并按照OIE规定的合同条款逐渐更新。该方法保证了对应急储备疫苗的快速供应，使发生感染国家能为处于风险中的畜群免疫，帮助尽可能逐步消灭疫病。该方法也可在非紧急情况下为年度控制计划提供优质疫苗服务。

用于全球策略的疫苗免疫规程和投送系统见后文（第二部分）。

4.5 监测

实施监测的主要目的是了解一个国家或区域的流行病学状况，

并帮助确定当前PPR阶段。因此建立和/或加强对PPR的监测是实现以下目标的先决条件：

>早期发现疫病临床症状或病毒的入侵；

>证明没有出现PPRV临床症状或被感染；

>确定和监控疫病发生和分布情况及流行率。最可能检测传入疫病的方式是被动监测。然而，也有人建议将主动监测内容（如结构化非随机监控，包括定点监测或基于风险的监测）纳入国家控制计划中。除血清学以外，还应考虑其他监测方法，如症状监测、参与式疫病搜索、哨兵动物系统、野生动物和屠宰场监测等。

假设采用血清学监测，关于检测病毒入侵和/或证明无疫或感染的不同程度，以及在不同的情况下采取的不同的监测方法，见附件3.5。

监测以及PVE项目需要与诊断机构协调，以确保顺利将临床样品递送到实验室，使用验证过的或已知敏感、特异、至少是熟练测试过的方法，另外要具备快速的周转周期以便将结果报告给流行病学家和兽医管理部门。需要国家层面上在流行病学团队、外勤人员和诊断实验室之间建立紧密联系。

4.6 实验室诊断

与许多疫病一样，PPR的主要诊断是依靠野外动物卫生工作者（兽医、技术员等）进行。因此最重要的一点是采取必要措施来告知他们有关PPR临床和病理检验情况以及如何对类似疫病开展鉴别诊断。但是，PPR临床诊断结果应视为一种待定结果，需要专业实验室作出确诊。自20世纪80年代中期以来，随着生物技术的发展及生物信息学和小型化电子设备的进步，PPR诊断技术不断得到改进。现在已经出现快速和特异的PPR诊断工具，可供不同技能水平的诊断专家应用，它们也取决于检测实验室设备的可用情况：

>专业和非专业诊断人员进行临床现场诊断试验；

> 基于血清的测试（ELISA），可用于抗体或病毒检测；

> 核酸扩增试验（RT-PCR）鉴定PPR病毒；

> 在设备齐全的实验室或在FAO和OIE参考/协作实验室进行病毒分离和基因分型。

鉴于项目必须符合成本效益，应该把控制小反刍动物的其他重要疫病包括在内，诊断实验室不仅需要加强PPR的诊断，同时也要能检测其他重点疫病。OIE《陆生动物疫病诊断和疫苗手册》提供了国际公认的实验室诊断方法（规定和替代诊断测试）。更详细的实验室诊断工具描述见附件3.1。

4.7 地区和国际实验室网络

考虑到PPR的跨境性质，其控制需要区域策略。这意味在指定的地区、国家之间开展密切合作和协调相关活动。为了实现这个目的，诊断实验室最好的架构是建立区域网络，应该包括定期的信息交流，举行会议和研讨会，协调技术、评估能力、验证结果（网络内国家实验室成员进行诊断工作的质量控制）。在每个区域网络至少有一个国家实验室被区域成员指定为区域实验室领导者，承担该职责和使命，协调该地区其他国家实验室。网络由粮农组织/国际原子能机构相关部门、OIE动物疫病诊断中心提供支持，与OIE和FAO的PPR参考实验室/中心紧密联系，以确保验证工作和技术转化、培训、病毒鉴定、组织能力比对测试等活动能够正确实施。

OIE和FAO参考实验室/中心[1]将建立一个PPR和小反刍动物其他疫病领域的国际网络以支持区域和国家网络。

---

1 OIE认可的参考中心既可以是OIE参考实验室（它们的主要任务是作为指定的病原体或疫病领域专业知识的世界参考中心），也可以是OIE协作中心（它们的主要任务是作为研究、专业知识技术的标准化、在特定专业领域进行知识传播的世界中心）。同样，FAO认可的参考中心可以是参考实验室或特定专业的专门培训中心。FAO参考中心认可18个认为需要适当专业技术的领域。2014年，OIE认可3家PPR参考实验室，FAO认可其中2家为PPR实验室诊断和研究的参考中心。

4.8 地区和国际流行病学网络

在区域层面，流行病学中心和网络在监测区域状况、开展关于PPR和区域内关注的其他小反刍动物疫病方面扮演着重要的角色，可进行情报学研究。

建立区域流行病学网络的目的是分享信息，加强不同方面的监测合作（即早期发现、早期预警和快速反应），以支持国家流行病学小组和网络。为实现这一目标，将定期在特定地区召开会议，每年至少一次，以提高个人技术水平。这些会议还将培训专业技能、协调方法和支持协调防控策略和活动。更具体地说，无论是日常还是在地区会议，信息共享将包括：

>疫病早期发现；

>动物群体卫生状态评估方法；

>定义疫病控制和预防活动优先地理区域，包括疫苗免疫策略和风险评估；

>绘制小反刍动物的价值/市场链，用于开展针对性的监测和干预活动；

>提供信息用于制订计划、确定优先级别并开展研究。

在国际层面，OIE流行病学协作中心和FAO参考中心将建立一个PPR和其他小反刍动物疫病的国际网络来支持区域和国家网络建设以及中心/团队开展工作。

4.9 PPR全球研究和专家网络（PPR-GREN）

除了提供优秀的工具（如疫苗和诊断工具），全球策略还支持开展有关研究，尤其是增加疫苗的耐热性、开发DIVA疫苗及其配套诊断试验或能抵抗多个疫病的联合疫苗。这需要在流行病学、社会经济学和投递系统等领域开展更多的研究。更多的细节见附件4。

在全球层面，FAO和OIE正在建立PPR全球研究和专家网络（PPR-GREN），它将在科研人员和技术机构、区域组织、业界专家和发展伙伴之间构建强有力的伙伴关系。它也将为国家、地区和国际层面决策者发挥重要的宣传作用。为准备该平台，2014年召开了涉及307位捐款人的电子会议，将小反刍动物的其他重要疫病包括在内进行防控的理念得到大多数代表的支持。会议同意建立一支强大的研究团队作为该平台的重要组成部分。PPR-GREN将在FAO/OIE GF-TADs PPR工作组指导下工作，并作为科学技术咨询以及讨论的平台。

4.10 OIE标准和兽医机构效能评估路径

OIE标准中关于PPR的部分参见《陆生动物卫生法典》第14.7章和《陆生动物疫病诊断和疫苗》第2.7.11章。可以向OIE申请官方PPR无疫认可和PPR国家控制计划认可。除了PPR特定标准外，还有许多平行章节适用于PPR和其他高度传染性疫病，如关于监测和通报、风险分析和兽医机构质量等的章节。也有章节和个别条款涉及疫病预防与控制、贸易措施、进出口程序和兽医认证、兽医公共卫生和法律框架。

在2006—2010年，OIE逐步开发了一个全球项目——兽医机构效能评估路径[1]，可持续性地推进国家兽医机构建设，以符合OIE国际标准。这是一个自愿的、全面和多级过程（可应有关国家要求开展），评估过程的重要步骤如下：根据国际标准对兽医机构开展系统评估（OIE PVS 初始评估）；基于 OIE PVS 的评估结果（PVS 差距分析）得出的该国家兽医机构的优先发展规划，制订五年投资计划；协助国家兽医法律框架的制定和/或走向现代化（OIE PVS兽医立法支持项目），审查和提升兽医实验室网络（OIE

---

1 PVS效能评估路径详述可见《全球口蹄疫控制策略——加强动物卫生系统——通过改善控制重大疫病》（第2部分），2012年出版。

PVS路径实验室任务）和能力（OIE实验室结对项目）；加强和协调兽医教育机构，使其符合相应的OIE指南（OIE兽医机构结对项目）；制定相关标准，设定有关教育与执业许可的措施，以确保私营部门兽医具备良好职业素养（OIE兽医法定机构结对项目）；最后，建立监控和评估所有组成部分进展情况的长期机制（定期开展OIE PVS后续评估）。

OIE PVS路径中各个步骤的成果是编制旨在加强兽医机构的国家、次区域/区域和全球计划的重要开发工具。

4.11 其他方法

其他几个工具可以用于PPR和相关疫病，如FAO-OIE的动物卫生危机管理中心（CMC-AH）协助兽医机构、农业部门/畜牧部门承担国家应急响应活动，或者在发生人畜共患病的情况下，能够协调有关卫生机构以及FAO-OIE-WHO全球早期预警系统（GLEWS）平台开展疫病情报工作。

在国家和地区确定优先防控的疫病病种后，区域和国家层面的具体工具将用于防控除PPR以外的疾病。

与PPR干预措施联合实施的小反刍动物候选疫病，如绵羊和山羊痘、布鲁氏菌病、口蹄疫、巴氏杆菌、裂谷热或公山羊的传染性胸膜肺炎，都有自己的针对性防控工具，如在OIE《陆生动物疫病诊断试验和疫苗手册》和《陆生动物卫生法典》中的相关标准、诊断试验（诊断实验室）、监测与特定程序（取样方法等）、疫苗和立法。

可以开发用于除PPR以外其他疫病的监控和/或评估工具，包括免疫后监测（PVM）或疫苗免疫后评估工具（PVE）。口蹄疫监控和评价工具已经存在，逐步控制路径（PCP）和PVM系统正在准备。

5 研究需求

尽管已经开发了PPR控制工具，且经证实非常有效，但投资进行PPR的深入研究仍然非常重要，它能促进免疫活动，加快根除计划的进程（参见附件4）。

当前使用的减毒疫苗不能区分疫苗免疫动物和受感染动物。因此，应研究开发使这种区分成为可能的疫苗。这在疫病监测阶段实施免疫活动时将特别有用。另一个PPR的研究领域是研发多种疫病鉴别试验方法和无感染性诊断试剂。如PPR根除策略所计划的，将鼓励PPR和其他小反刍动物疫病同步免疫，那么具备诊断PPR和其他小反刍动物疫病的技术也是非常重要的。在根除计划的最后阶段，需要有能同时诊断多项疫病的诊断试验方法，当有PPR类似临床症状出现时，需要进行调查，以证实PPR存在与否，并提供给畜主正确的诊断结果和有关治疗或预防的建议。

为完成耐热性疫苗的研发，应该开展一些紧急应用型研究和技术转让。还应该对口服、雾化或点眼剂疫苗的管理情况进行一些调查。

还有一个问题需要进行研究，即打破PPR病毒传播周期的必要免疫水平。通常这一水平被认为是80%，但这个比例似乎很难达到，最近一些临床研究表明，70%的免疫水平就能令人满意。研究打破PPR病毒循环所需的免疫水平的精准知识应该列入优先研究列表。

另一个值得鼓励的研究领域是流行病学领域，以便更好地评估其他家畜或野生动物物种潜在的流行病学影响。研究也应着力解决PPR的社会经济学问题，特别是在输送系统领域、疫病影响以及控制和根除计划的成本效益比。一般来说，评估实施全球策略时采用的各种方法和模型的结果，将为全面提高小反刍动物的卫生状况和针对其他疫病的干预措施提供丰富的信息。

第二部分 ■■■
策略

1 目标及预期结果

1.1 总体目标和具体目标

1.1.1 总体目标

总体目标是使小反刍动物饲养业为促进全球,特别是发展中国家的粮食安全、食品安全、人类健康和经济增长,继而改善小农经济、增加农户收入、减少贫困、提高农民生活水平和为人类福祉做出贡献。

1.1.2 具体目标

①到2030年根除小反刍兽疫,要求是:小反刍兽疫感染国家要逐步减少疫情及传播范围,最终根除小反刍兽疫;未感染小反刍兽疫国家要维持官方认可的无疫状态。

②加强兽医机构建设。

③通过减少其他重要传染病疫情来提高全球动物卫生水平。

本策略旨在使各利益相关方和兽医机构具备控制和根除小反刍兽疫和其他小反刍动物疫病的能力。

1.2 预期结果

对应三大要素，预期达到以下三方面结果：

① 控制和根除小反刍兽疫。

＞有小反刍兽疫疫情或有潜在风险的国家，应具备有针对性且有效的监测系统（所有国家都应具有一般监测系统）。

＞具有小反刍兽疫实验室诊断能力。

＞有效免疫系统已投入使用，并覆盖到的所有畜主。

＞全球在15年内达到根除小反刍兽疫目标。这要求在5年后，60%的国家处于阶段3或阶段4，其余的大多数（40%）国家正在执行小反刍兽疫控制计划，不到5%的国家仍处于阶段1。10年以后，要有90%以上的国家处于阶段3或阶段4，即这些国家基本达到了小反刍兽疫病毒停止传播的目标。

② 强化兽医机构。

＞与OIE兽医机构质量标准不一致的国家，其已达到了小反刍兽疫控制计划相关阶段所列的阶段3的最低限度里的既定关键能力（以下简称CC，CC水平从1至5共分5级，见下文）。

＞兽医机构质量已经达到OIE相关标准的国家，至少仍保持在同一质量水平。

③ 联合防控小反刍动物的其他疫病。

＞其他主要小反刍动物疫病[1]疫情显著降低。

2 国家层面的策略

2.1 要点

① 本策略强调流行和无疫国家的风险状态。考虑到区域内、

1　疫病确认工作随后将在区域或国家层面完成。

国家间或国家内的小反刍兽疫感染或传入风险不尽相同，全球策略提出了以下建议，即首先控制高度流行区疫情，然后巩固低度流行区工作成果。这些低度流行区已经基本可以或已经实现了小反刍兽疫根除目标。对于无小反刍兽疫国家，全球策略建议通过"早诊断—早预警—早响应"的综合措施和强有力的风险分析手段掌握潜在风险（再）传入途径的方式，以维持其无疫状态。

②应急计划。如果一国的应急计划准备不充分，那么其兽医机构就难以有效应对突发疫情。对突发动物疫情的准备工作对于有效应对突发动物疫情非常关键，如应对小反刍兽疫疫情。官方兽医机构的一项重要职能就是为应对突发动物疫情做好准备工作。

准备工作包括起草和批准特定高危动物疫情的应急计划，该计划能使兽医机构进一步提升技术装备以满足应急需求，更好地执行决策和快速发放政府拨款，更好地获得来自农场团体密切配合，因为他们已经参与了应急计划的制订。为此，国家主管机构应建立一个包括所有利益相关方的论坛，以使各方就计划和各自关注内容进行充分交流，如国家小反刍兽疫委员会。

应急计划将专注特定动物疫病，即那些被认为具有极大威胁但又难以预料的或未知的新发动物疫情。

③全球策略的战略方针基于4个不同阶段，这4个阶段对应于流行病学风险降低和防控水平提升间的消长关系（图2-2-1）。从阶段1的已进行流行病学评估，到阶段4的某国可出示材料证明其国家或区域内没有小反刍兽疫病毒传播，且准备向OIE申请无小反刍兽疫官方认可。但有2种情况不属于这4个阶段之一：

>一国如果没有充分且结构完整的数据以掌握和反映小反刍兽疫真实风险状态，没有开展恰当的流行病学调查，没有防控计划，那么不能列入这4个阶段的任何一个阶段（属于"低于阶段1"）；

>一国如果获得OIE小反刍兽疫无疫官方认可，那么也不能列入这4个阶段的任何一个阶段（属于"超出阶段4"）。一国如果正

在向OIE申请小反刍兽疫无疫官方认可，那么处于阶段4的尾声。

图2-2-1　PPR渐进式分段防控路径

④常规步进法与快捷跳跃完成模式并存。多数国家的小反刍兽疫控制过程将遵循常规流程，即完成前一阶段后立即进入下一阶段，这尤其适用于对那些没有足够资源在全国范围内全面控制小反刍兽疫的国家。但是，如果某些国家愿意更快速地根除小反刍兽疫，那么以下快速通道可供其选择：从阶段1跳入阶段3，从阶段2跳入阶段4，从阶段1直接跳入阶段4（图2-2）。无论选择哪种路径，都必须从阶段1掌握小反刍兽疫实际状态开始，然后再确定后续根除步骤。

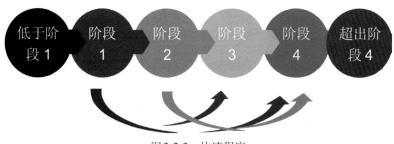

图2-2-2　快速程序
（显示4个阶段的演进过程以及在条件成熟时的"跳级"路径）

⑤假定符合前一阶段要求可进入下一阶段，对于采用快速程序的国家来说，除了一些预防和控制措施外，遵守上一阶段的做法有效，其应用很有可能与阶段1确定的小反刍兽疫病毒存在与否相关。

⑥各阶段持续时间可变，取决于具体情况。进展速度取决于每个国家的决策、小反刍兽疫流行状态、兽医机构能力和适当投资的政治承诺。预估各阶段持续时间为：

>阶段1：少则12个月，多则3年；

>阶段2：3年（2～5年）；

>阶段3：3年（2～5年）；

>阶段4：少则24个月，多则3年。

⑦对某一国小反刍兽疫防控所处阶段（特定风险水平）是综合以下5部分技术内容确定的。

 PPR诊断体系——有效防控小反刍兽疫需要某国具有可靠的小反刍兽疫诊断体系。这一体系最好处于本国（最佳选项）或通过购买海外服务方式获得。基层兽医人员识别小反刍兽疫并启动鉴别诊断程序的相关能力也是该诊断体系的一部分。

 PPR监测体系——监测是掌握一国小反刍兽疫流行状态、监视控制与根除工作效果的重要措施。监测体系会随着小反刍兽疫根除进程的推进而越来越复杂。无论如何，全面监测工作有助于全面了解生产和贸易系统情况（价值链）。

 PPR预防与控制体系——小反刍兽疫预防控制措施包括多种不同的工具，包括免疫、提高生物安全水平、实施动物标识、动物移动控制、隔离和扑杀。一国可根据小反刍兽疫预防控制工作强度选择运用这些工具。

 与PPR防控相匹配的法制框架——法律是兽医机构开展小反刍兽疫防控工作的基石，将赋予兽医机构必要的权力以开展小反刍兽疫监测和预防控制工作。在防控的各个阶段的相关法律法规都应与将要开展的工作相一致。

 利益相关方的参与——真正实现小反刍兽疫防控或根除，离不开各利益相关方的积极参与。这些利益相关方包括私人兽医、公共兽医、助理兽医、畜主以及以社区为基础的动物卫生工作者、商人、非政府组织和其他合作伙伴。根除小反刍兽疫的每一阶段都要对相关参与方的角色做出界定，因为控制成效是基于公私双方的共同努力。这意味着各方要有强烈的交流意识和一定的交流策略作指导。

⑧免疫是小反刍兽疫流行国家（或小地区、或农业系统）防控小反刍兽疫的关键工具。免疫规程和投送系统将在第二部分的2.2节中介绍。

⑨工作执行情况及其影响可以量化，即每一阶段针对上文5个要素所设定的工作都可衡量。每一阶段的工作都能恰当地降低小反刍兽疫风险，这要用前一阶段工作成果或正在实施的流行状况监视结果以及新成绩来证明。每一阶段的各项工作及其影响应是切实可衡量的。所有已开展的工作应能使一国小反刍兽疫疫情逐渐好转，最终实现根除家畜（如果相关也包括野生动物）小反刍兽疫的最终目标。要定期对这些控制/根除工作进行评估以确保其是朝向预期防控目标迈进的。

⑩免疫和其他防控/根除措施综合考虑公共利益与私人利益后实施的：随着各国走向根除阶段，特别是在接种疫苗方面，所开展活动的公益属性不断增加。

>阶段1，官方兽医机构没有官方控制计划。但如果畜主，特别是在流行区域内的畜主，想保护其畜群免受感染，则不应进行阻止。在这种情况下，这项工作将纯粹是一项私人行为，没有任何公共资金补助。兽医机构要介入其中以使畜主的疫苗及其投放系统（私人兽医或技术员）符合OIE相关质量标准。流行病学调查和监测工作则是官方公共兽医机构的职责，也是公共利益的需要。

>阶段2，兽医机构要负责执行或者在其监管下由其他机构开展一个目标区域或生产系统的小反刍兽疫控制工作，特别是免疫工作。这需要通过公私双方按照既定的国家控制计划密切合作来完成。私营业主也可在非目标区域或生产系统按照阶段1规定（有关免疫规程的详细内容见下文）开展免疫活动，但这完全是个人自愿行为。

>阶段3、阶段4，所有小反刍兽疫控制相关活动（农场层级的生物安全措施除外）都要由兽医机构牵头开展，这些工作属于公益行为。

⑪公私方成本分摊。公私双方分摊实施控制计划所需费用，但公共财政将承担的比例是最大的。当免疫为非强制要求但畜主们自愿实施免疫时，畜主需承担相关费用。但如果是强制免疫，那么公共财政补贴需要承担一定的费用。公私双方的承担比例取决于疫病流行状况和经济形势，具体比例必须在制订国家控制根除计划时通过认真研究来确定。一些控制和根除措施，如监测，必须做好补贴或赔偿预算，以便在为控制疫情而扑杀动物时支付畜主。获得公共财政支持并非易事，所以开始阶段来自国家层面的带有倡导性的补贴和投入至关重要。

⑫有效的动物卫生体系对根除小反刍兽疫必不可少。高效的兽医机构对于成功开展小反刍兽疫防控工作是不可或缺的，对其他主要跨境动物疫病亦是如此。因此，兽医机构必须加强能力建设以配合控制工作走向深入（小反刍兽疫防控工作的逐步制度化）。养殖业主协会和经销商等不包括在兽医机构[1]内的利益相关方，其与兽医机构的合作关系、在小反刍兽疫防控中的参与度都会随着控制进程的深入而逐步加深。一些潜在伙伴，如非政府组织，在一些特定国家也扮演着重要角色。

OIE的PVS评估工具[2]将用于评估兽医机构是否符合OIE有关兽医机构质量标准（初评），然后在下一阶段还将对兽医机构改进情况进行评估（后续评估）。在OIE PVS评估工具的47项关键能力中，有33项是明确与一国国家层面的小反刍兽疫防控工作相关

---

[1] 在OIE法典的术语定义中，兽医机构包括政府部门和非政府组织。他们实施动物卫生、动物福利措施，以及其他OIE陆生、水生法典的有关标准和建议。兽医机构受兽医主管部门的全面管理并听从其指令。私人方面的组织、兽医、兽医专业人员（译注：OIE语境中兽医与兽医专业人员不同）、水生动物卫生专家一般是由兽医机构认证或批准其开展指定业务。动物卫生体系可以由包括上述兽医机构、其他养殖业主协会、经销商、生产商代表、农场主社团（动物卫生工作者）组成。

[2] 2013版。

的[1]。而且，这些关键指标是与PPR控制各阶段目标相关的，所以加强兽医机构的有关措施也是按照PPR控制阶段和时间进度而进行针对性地设置的。

每一项PPR相关关键能力，都根据OIE有关兽医机构的质量标准设定了从第1档（完全不符合）到第5档（完全符合），共5个档次。多数情况下，一国达到第3档就认为其兽医机构质量符合了OIE相关标准要求，同时这也是大多数小反刍兽疫相关关键能力期望达到的水平。不过也有一些国家将目标定在第2或第4档上更恰当。一个基本原则是一旦某一指标达到某一档后就不会被降档，不论其与后续控制阶段的相关性如何。

⑬策略执行情况将通过OIE的PVS评估工具和小反刍兽疫监控与评估工具（PMAT）进行评估或检查。上述两个工具将用于对兽医机构能力提升情况和小反刍兽疫防控情况的评估或检查。虽然并不要求将两个工具联合使用，但这两项工作值得并行开展，因为PVS评估工具中关键能力的提升程度对小反刍兽疫防控阶段[2]的推进非常重要。每一阶段关键能力都应在相应阶段内尽早完成，如果有可能应在该阶段的一开始就做到，尽管这不是进入该阶段的前提条件。

⑭最终判定。综合以上各项实施情况，每一阶段都用图2-2-3的列表框加以描述。需要明确的是一国所处的控制阶段是根据⑦中所述的5个技术要素做出的判定。还需要注意的是每一阶段都将有关内容综合成3个部分进行展示，第一部分是针对小反刍兽疫的活动，第二部分是强化兽医机构，第三部分是所在地联合控制的其他优先防控病种情况。

1　尽管有33个小反刍兽疫相关关键能力，但当一国决定开展PVS评估时，评估工作将依照所有47个关键能力进行评估。本处旨在指出与一国小反刍兽疫根除相关的指标。

2　具体将在《GF-TADs全球主要跨境动物疫病控制策略》第1卷中界定。

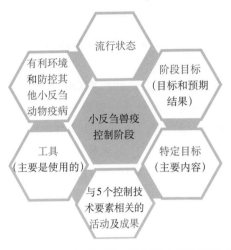

图 2-2-3　小反刍兽疫控制策略各阶段组成

2.2 免疫

2.2.1 小反刍兽疫免疫规程

关于免疫规程，理论上3月龄以上的所有小反刍动物都应进行免疫，而且在制定免疫规程时要考虑到生产方式的差异性（包括动物数量的变化和移动方式）。

为了便于计算免疫计划所需疫苗量和经费，本策略将10多种由各类文献［引自国际畜牧研究所（ILRI），FAO，1996］列举出的小反刍动物典型养殖生产方式归纳为3种主要类型，分别是：极干旱、干旱、半干旱半湿润地区的游牧生产方式，极干旱、干旱、半干旱半湿润地区的农牧交互生产方式，以及在半干旱半湿润和湿润地区以农业为主的农牧混合生产方式。

免疫规程要遵循以下几个原则：

>连续两年开展免疫工作，然后在随后的1年或连续2年内对

新生动物进行免疫。

> 如属极干旱、干旱和半干旱半湿润地区的游放和农牧交互生产方式（以产羔季取决于天然牧场饲草供给情况为特征），则每年都应适时开展一次单独免疫，如在干旱季开始时（即产羔高峰前）。

> 如属半干旱半湿润和湿润地区的农牧混合生产方式（这一生产方式下畜牧业不是农业主业，饲草和农副产品相对更充足，因而没有明显的产羔季），则每年应开展两次免疫，以在小反刍动物群中保持高免疫覆盖率。免疫时间需结合农作时间和农民空闲时间确定。

> 如属于城郊生产方式的，应根据畜群中动物的周转情况，每年进行一次或两次免疫。

要熟知目标畜群动物数量变化情况（如年补栏率），并应制订免疫计划，以保持80%以上的免疫保护率。

针对诸如小反刍兽疫之类传染病的大规模免疫旨在使相应畜群、地区或生产系统中80%的免疫动物获得免疫保护，以阻断病毒存活和循环。要达到80%这一比例，需要对上述3种养殖模式下的3月龄以上小反刍动物进行几乎百分之百的免疫。这些估算是基于牛瘟扑灭经验和相关文献的观点，但实际中也有多个不需达到如此高的免疫保护率同样可以清除牛瘟病毒的案例。除这些案例外，也有少量科学文献举证说明这一免疫水平对阻止牛瘟病毒存活或传播是必要的。同时，近期摩洛哥的小反刍兽疫根除经验也表明70%的免疫率足以阻止小反刍兽疫病毒在该国的传播（见参考文献）。另外，多项临床经验和流行病学研究表明即便是各项工作都按免疫计划正确实施，在临床实际操作中可能达不到80%的保护率。因此，尽管80%是全球控制和根除策略的推荐指标，但免疫效果评估（见附件3.4）所用的血清学调查方法（如样本量）和结果解释将基于70%来给出。

2.2.2 疫苗投递系统

为向基层一线提供保质保量的疫苗，在开展投递工作时要考虑以下几个因素：

>在入境处所接收疫苗的质量；

>疫苗投递的各个环节，从中心采购点到分发中心、再到临床免疫人员手中，全程都要有冷链覆盖；

>合理确定疫苗瓶规格以降低费用和减少浪费（小户使用小规格包装，大户用大规格包装）；

>实事求是地预估疫苗需求量，以便能向免疫人员提供足够的疫苗来达到预期的免疫覆盖率；

>负责向免疫人员、生产一线投递疫苗的组织。

在多数发展中国家实施大规模免疫都是一项重大挑战，特别是在那些边远地区和以小农生产方式为主的地方。更糟的是，这些地方通常没有近期的动物养殖情况普查数据，或者官方掌握的数据与实际数据相差甚远。

免疫工作通常由官方兽医机构监督实施或由其亲自开展。私人兽医作为"卫生受托人"或受"委任"（如，官方兽医机构与私人兽医签署合同，委任或批准其开展指定工作）参与有关工作的程序也需加以建立，或许这一方式在许多发达国家和一些处于转型期国家已成为通行做法。私人兽医、助理兽医、农场主社团代表（动物卫生工作者）的参与有益于艰苦地区（如偏远或不安全）免疫工作的开展，如在动物密度非常低的以农耕为主的湿润地区开展免疫或对新生牲畜重免等工作。这种合作关系需要有适当的立法约束，同时要有兽医部门监管。

免疫工作可以是私人行为也可以是公共（政府）行为，可以针对高风险地区进行免疫，也可以是覆盖全部动物的全面免疫，这取决于一国所处的小反刍兽疫防控阶段。

不论用哪种方法，最终目的都是用最短的时间实现免疫覆盖率最大化。

为此，免疫工作要精心谋划、实施。培训团队，组织好包括冷链运输在内的后勤工作是必不可少的。同样，沟通非常重要，不只是在国家层面或只通过官方渠道开展沟通，更要运用当地的沟通渠道（如广播、电视、发起与公众事务相关的活动、宗教和庆祝集会等）积极开展。在这一过程中，无需理睬这些渠道可能带来的消极影响，如传播与免疫或其他相关事务有关的负面或令人沮丧的信息。还有一项重要任务是正确地物色关心动物卫生工作和可提供动物卫生服务的社会技术网络。当官方兽医机构或私人兽医不能向边远或不安全地区提供所需服务时，当地的利益相关方（如动物卫生工作者社团、药企、经销商、非政府组织、项目开发方等）往往能承担这项工作。在兽医监管下，这些利益相关方可开展信息交流及小反刍兽疫免疫工作，因为他们可以传播有关小反刍兽疫疫苗安全可靠的正确信息。此外，如果农户能够从其他常用的动物护理人员那里获得帮助的话，这些农户也能全面参与免疫工作。

由此可见，免疫工作要在前期进行周密准备，要考虑到所有这些因素，还要与农户、动物卫生利益相关方、当地主管机构进行交流互动。这一阶段，邀请擅长沟通的专家以及熟知当地情况的社会学家一起参与有关准备工作是非常关键的。免疫效果评价也将考虑这些方面，并要查找出有关关键点，以便修正后续免疫工作以提高实施效果。

2.3 小反刍兽疫逐步控制和根除方法

2.3.1 进入控制策略——阶段1

最低要求：

①有评估方案且已经兽医主管当局批准以更好地了解本国疫

病流行、分布情况以及小反刍兽疫相关的主要风险因子（如果可能的话）。评估方案的阶段目的、预期进展和相关活动可以直接从阶段1目标中提取形成，因为完成这一目标是进入后续更高阶段的前提。

②国家承诺将小反刍兽疫防控工作纳入（次）区域小反刍兽疫防控路线图。

阶段1》流行病学和防控条件评估

2.3.1.1 阶段1的流行状况

实施小反刍兽疫逐步控制和根除计划的国家，在阶段1的初始阶段时一般无法掌握小反刍兽疫流行状况，或所掌握的情况极其有限。小反刍兽疫极有可能存在，但由于监测工作不到位和实验室诊断能力不足而未能被发现上报。在这种情况下，缺少关于小反刍兽疫的现状及其分布信息，可能导致无法开展有效控制行动[1]。

阶段1的时间跨度预计为1～3年。这一时间跨度可以相对短一些（1年）以尽快地启动控制工作，但也可用较长的时间以完成恰当的评估，因为评估结果是实施控制策略的基础。

在阶段1通过以下两种方式了解了其流行状态：（a）通过临床表现确定发病与否；（b）根据诊断试验结果确定感染与否。由此，可以得出以下两个结论中的一个：

>该国看起来无小反刍兽疫，可能符合或不符合《陆生法典》第1.4.6章有关"历史无疫"标准；

>该国流行小反刍兽疫（全面流行或局部流行）。

1　当一国被认为或已知无小反刍兽疫时，即使其没有小反刍兽疫流行病学监测计划，且其目的是准备无疫材料向OIE申请无小反刍兽疫官方认证，那么该国将被认为处于第3或阶段4。这一认证是根据OIE《陆生法典》第1.6章和14.7章有关规定进行审核的。根据《陆生法典》第1.4.6章规定，一国根据其历史无疫而申请无小反刍兽疫认证时，也需要满足OIE相关标准，但可以没有针对小反刍兽疫的专项监测计划。

2.3.1.2 阶段1的重点

阶段1的重点是更好地了解小反刍兽疫的现况。

阶段1的主要目标是掌握有关要素以更好地了解一国的小反刍兽疫的流行状况（也可能是无疫状况）、在不同的农业生产体系中的分布情况，以及对这些体系的最终影响。掌握这些信息是决定下一步工作的必要条件：要区分该国开展相关活动时的最初目标是仅在特定环节或地区实施防控措施，暂时容忍小反刍兽疫病毒仍循环于其他环节或地区（阶段2），还是决定在全国范围内根除小反刍兽疫（阶段3）。这一评估过程也可能会证明该国无小反刍兽疫，如果这样，那该国可直接进入阶段4，向OIE申请无小反刍兽疫官方认可。

阶段1建议持续时间：1～3年。

2.3.1.3 阶段1的特定目标

诊断	建立基于ELISA方法的诊断能力
监测	开展监控活动，评估经济社会影响
预防与控制	在基层开展预防与控制工作
立法	重点评估与防控小反刍兽疫相关的动物卫生立法
利益相关方参与	在小反刍兽疫控制与根除目标上，获得利益相关方的同意

2.3.1.4 阶段1的进展与活动

进展1（诊断系统）该国已具有相应诊断能力（主要取决于实验室现有设施设备和专业能力）A——具有国内诊断能力	活动1.1（A）	对全国所有备选实验室进行能力评估。这些实验室将负责临床样品检测工作。经过评估后，应最终产生至少一个小反刍兽疫牵头实验室

进展1（诊断系统） 该国已具有相应诊断能力（主要取决于实验室现有设施设备和专业能力） A——具有国内诊断能力	活动1.2 （A）	对全国所有外围实验室进行能力评估。这些实验室将负责接收样品并进行处理后送交国家牵头实验室
	活动1.3 （A）	建立或检验用于抗原、抗体检测的ELISA实验程序
	活动1.4 （A）	对外围实验室员工进行培训，使其掌握样品处理方法。由其处理过的样品将送往小反刍兽疫牵头实验室进行检测
	活动1.5 （A）	使用基础ELISA方法检测样品并进行记录
	活动1.6 （A）	如果没有现成实验室信息管理系统，需要设计一套
B——利用国际资源进行实验室诊断	活动1.1 （B）	就如何处置临床样品编制标准操规程（如果没有的话）
	活动1.2 （B）	对参与临床样品接收、记录、处理、包装和寄送过程的所有员工进行培训
	活动1.3 （B）	收集样品并寄送至OIE或FAO参考实验室
进展2（监测系统） 监测系统已建设到位。在这一阶段，应全面启动主动监测以了解PPR如何传入（存在）及其影响 该监测系统将包括基于血清学和参与式疫病监测或一些其他方法的特定临床调查 对PPR病例进行了定义（这是建立报告系统和开展基层兽医培训的基础）	活动2.1	建立并实施了全面的监测系统（包括主动监测和被动监测）
	活动2.2	为监测系统的每一部分（持续调查与特别调查）设计了生成器（producers），并且确定了数据格式
	活动2.3	用评估后测评表对临床影响和经济社会影响（如果可能）进行定量评价。为此需要走访已确认出现临床病例的地方

进展2（监测系统） 　监测系统已建设到位。在这一阶段，应全面启动主动监测以了解PPR如何传入（存在）及其影响 　该监测系统将包括基于血清学和参与式疫病监测或一些其他方法的特定临床调查 　对PPR病例进行了定义（这是建立报告系统和开展基层兽医培训的基础）	活动2.4	设计（这一阶段可能已有）配套监测工作的信息系统（监测系统的每一部分及子部分都应通过信息系统来管理）
	活动2.5	对中央和地方兽医官员进行有关价值链和风险分析的培训
	活动2.6	兽医机构按照价值链和风险分析有关原则识别风险热点区和传播路径
进展3（监测系统） 　临床兽医开展PPR相关工作的能力获得提升 　在全国范围内，建立起一个组织良好、分布合理的临床兽医网络，对临床兽医进行培训，使其能发现PPR并进行鉴别诊断。这对于捕获临床病例至关重要，对于符合PPR疑似病例的病例要确保进行充分的深入调查	活动3.1	培训临床兽医以增强其对PPR的认识和鉴别诊断能力（培训内容还应包括样品采集、保存和在恰当的运送条件下移交给最近的样品收集点等，以免因操作不当而影响检测结果）
	活动3.2	对在偏远地区负责采集PPR临床病例的私人兽医提供奖励
进展4（预防控制系统） 　建立了一个国家PPR委员会以协调所有PPR防控相关工作 　该委员会应由中央兽医机构牵头，成员包括其他相关部委、机构代表（如环境、内务等）、私人兽医（兽医法定团体和兽医协会）和其他所有与小反刍动物生产相关的方面 　阶段1无法预见官方控制行动	活动4.1	确定国家PPR委员会的工作程序和相关任务
	活动4.2	组织委员会会议，起草会议报告
	活动4.3	最好在这一阶段建立或设计一套应急响应标准操作规程，并予以实施以应对可能发生的疫情（为实施好这一规程，应准备有关宣传材料并分发到畜主手中，详见阶段1进展6）

进展5（法律框架） 在这一阶段实施过程中动物卫生法律框架得到完善，授权兽医机构采取行动为下一阶段做准备。规定家畜PPR为法定报告疫病，疑似或确诊的野生动物病例也应向兽医主管机构通报	活动5.1	（国家小反刍兽疫委员会）成立特别工作组（包括主管当局、法律专家和利益相关方）以评估现行兽医法律与小反刍兽疫防控工作所需之间的差距
	活动5.2	（特别工作组）提出现行法律法规的具体修订案以更好地服务小反刍兽疫防控工作
进展6（利益相关方参与PPR防控） 组织开展交流活动以告知所有相关者现状、所需开展的工作及需要其参与的原因 交流活动旨在促进防控措施的实施。临床兽医和其他潜在合作伙伴（如NGO）在其中可能承担材料分发的任务	活动6.1	准备/编制交流材料以告知利益相关方小反刍兽疫防控情况和最终成功根除的愿景
	活动6.2	向所有利益相关方分发有关小反刍兽疫防控活动的材料

2.3.1.5 阶段1工具的具体使用[1]

（1）监测（主要是主动监测）

阶段1的监测工作有3个目的：（a）评估小反刍动物群体卫生状况，包括收集基线数据；（b）确定小反刍兽疫防控优先地区；（c）判定小反刍兽疫流行程度、分布和发生情况。

在阶段1，仅靠被动监测的报告系统可能太弱以至于无法校正所需信息，这也就是为什么一定要在阶段1的评估方案中设计

---

[1] 本节中只提及那些在各阶段使用方法有所不同的工具，具体是：（a）监测；（b）免疫，包括免疫后监控；（c）OIE针对PPR的相关标准。在第一部分"4 方法"中提及的所有其他工具可在任意一阶段以同一种方式加以运用。

主动监测内容并加以实施。要通过多种不同方式来更好地了解PPR的流行状况：（a）参与式疫病监测（PDS）；（b）血清学方法；（c）PDS和血清学综合方法（对回顾研究非常有价值）；（d）评估后走访PPR疫点，对疫情造成的影响进行评估。这些都是阶段1所运用的监测/监视系统的组成部分。

为了构建有关PPR病毒传入并持续存在的工作假说，本阶段通过价值链和风险分析所得信息可用于对监测体系作补充，这有助于更好地识别和确定PPR病毒热点地区和传播路径（这一工作可能需要加以宣传介绍，而且可能需要外部帮助）。

（2）无疫苗免疫

假定一国在进入阶段1以前及阶段1都没有建立系统的应急响应机制，应急免疫和扑杀措施也不被认为是正确的措施。但是，相关控制措施可以在自愿基础上由私人开展实施，但仅限于个别农场层级的生物安全措施和免疫措施。特别是那些处于PPR流行圈包围中的商业农场。

2.3.1.6 阶段1的支持条件

在阶段1，兽医机构必须获得必要的授权以便在全国境内开展彻底的PPR流行状况评估，评估动物包括家畜和部分野生动物，并且要找出疫病传入、维持和扩散的主要风险因子。此处给出12个实现阶段1工作目标的关键能力（CC），其中最重要的是具备开展主动监测（CCⅡ.5.B）和风险分析（CCⅡ.3）的相关能力。在实施根除计划的初级阶段，获得利益相关方对相关工作的支持也非常关键。阶段1除兽医实验室诊断能力（CCⅡ.1.A）外的所有关键能力，都将第3档定为晋级要求。CCⅡ.1.A达到第2档时就意味着PPR已被视为对国家经济有重大影响的主要疫病。国家将主要依赖私人兽医在官方委托下（CCⅢ.4）开展工作（特别是阶段2的免疫工作），因此向这些人员颁发执照并进行注册管理就是一项非常重要的先决条件。在这一阶段，国家小反刍兽疫委员会应已建立起来，并且指定一些特别工作组来跟踪全球控制策略的不同部分。国家小反刍兽疫委员会将主要负责处理来自利益相关方的要求。

OIE PVS关键能力		OIE PVS目标晋级档次	
CC I .2.A	兽医专业能力	3	兽医操作水平、专业知识与工作态度通常可满足所有兽医机构专业/技术工作的需要（如流行病学监测、早期预警、公共卫生等）
CC I .3	继续教育	3	兽医机构拥有继续教育计划，且每年进行重新审定，并根据需要进行更新，但继续教育只面向某些类别的工作人员
CC II .1.A	兽医诊断实验室的使用	2	对于主要人畜共患病和对国家经济影响重大的疫病，兽医机构可利用实验室获得正确的诊断结论
CC II .1.B	国家实验室基础设施的可持续使用性	3	国家实验室基础设施基本满足兽医体系需要。其资源和组织管理较为有效，但其常规资金不足以保证基础设施的可持续使用和常规维护
CC II .3	风险分析	3	兽医机构具有系统汇总和进行风险评估的能力。大部分风险管理决策基于风险评估
CC II .5.B	流行病学监测及早期检测	3	兽医机构根据科学原则和OIE标准对部分重大疫病进行主动监测，面向所有易感群体，定期更新，并系统地报告结果
CC III.2	与利益相关方协商	3	兽医机构建立了与利益相关方协商的正式机制
CC III.3	官方代表	3	兽医机构积极参与大部分相关会议

OIE PVS关键能力			OIE PVS目标晋级档次
CCⅢ.4	认证/授权/委任	3	公共兽医机构针对某些任务制订了认证/授权/委任计划，但未定期重审这些计划
CCⅢ.5.A	兽医法定机构——权威性	3	兽医法定机构监管兽医领域内所有部门的兽医并有纪律保障措施
CCⅢ.5.B	兽医法定机构——能力	3	兽医法定机构作为独立机构，具备实现所有目标的能力
CCⅣ.1	制定法律法规	3	兽医机构具有参与立法的权力和能力，并在某些业务范围内可保证这些规定的内、外部质量，但缺乏在所有相关领域内定期制定适当法律法规的正式方法

2.3.1.7 阶段1与其他动物疫病控制活动相结合

旨在收集PPR信息的临床活动提供了一个调查其他小反刍动物（和其他可能种属）疫病的机会。例如，血清学样品采集不仅满足小反刍兽疫防控需要，同样其还可以用于检测其他疫病。

此外，在阶段1开展的一些工作实际上不是特别针对小反刍兽疫的，这些工作可以同时用于其他防控项目：

进展1.A→活动1.1；1.2；1.6

进展1.B→活动1.1；1.2

进展2→活动1.1；1.2

进展3→活动2.5；3.2

2.3.2 从阶段1进入阶段2

最低要求：

>阶段1的所有工作都圆满完成。

>编制出一份阶段1工作的全面报告，其中要包括以下调研结果：（a）确定"热点"地区并绘制出相应的地图。"热点"地区是由PPR高影响区、高风险传播（传出）区或常规传入途径等综合确定的；（b）发现小反刍兽疫病毒存在的风险因子及其后续风险路径；（c）针对小反刍动物的详细价值链分析。

>制定了基于风险的全面控制策略（CS1），这一策略要以阶段1的进展为基础，同时应包括全球控制策略的第一、二、三层次的内容。

阶段2》控制阶段

2.3.2.1 阶段2的流行状况

阶段1的所有活动都表明PPR在该国广泛传播或处于地方流行状态，PPRV也仍处于传播状态。相关流行病学调查也会揭示不同地区或生产系统下的PPR流行程度、发生情况和经济社会影响有所不同，同时可能会存在"热点"地区。有时，有关生产环节和市场方面的材料会显示出哪里或哪种生产系统需要开展小反刍兽疫防控工作，尽管小反刍兽疫可能不这是些地方或系统的主要疫病。

2.3.2.2 阶段2的重点

阶段2的重点是控制特定区域或生产体系内的PPR感染和发病情况。

已经制定了基于风险的控制策略，并将根据阶段1成果，在确定的地区或生产系统予以实施。但如果在此目标区域外的任何地方有PPR发生，都可将阶段2的工作延伸覆盖到这一地区/系统。

这一控制阶段的主要工作是开展针对性的免疫，旨在控制疫情。这意味着可能在目标畜群中根除小反刍兽疫病毒，但并不要求在全国范围内根除。

阶段2推荐持续时间：平均3年（2～5年）。

2.3.2.3 阶段2的特定目标

诊断	引入分子生物学技术来加强实验室诊断能力，以更好地对临床毒株分型
监测	结合反应机制和降低风险等措施开展监测活动
预防与控制	在特定区域或生产系统实施针对性免疫计划，继而在全国着手建立二级预防控制体系
立法	加强立法工作以保障在目标区域开展控制工作
利益相关方参与	利益相关方积极参与到疫情报告和免疫工作

2.3.2.4 阶段2的进展与活动

进展1（诊断）		
相比阶段1，实验室诊断系统的工作更加高效，阶段1发现的不足也已经得到解决。此外，诊断系统由于引进了分子生物学技术而得到进一步提高，能够对临床毒株进行分型	活动1.1	如果启用分子生物学技术，则培训实验室员工掌握有关分子生物学试验技术，并装备至少一个分子生物学实验室
假定分子流行病学技术为洞察PPR分布和传播路径提供新的可能	活动1.2	为分子生物学试验建立一套SOP并经常更新
还有一种可能，就是与国际参考实验室建立了联系，并可将代表样品送达该实验室	活动1.3	编制书面规程，规定可进行分子生物学检测的样品的合格标准
能够对临床毒株分型除了一般意义上地提升了实验室能力外，还将有利于其参与到区域实验室网络中（如果存在的话，是由1个或多个实验室组成）	活动1.4	对所有合格样品进行分子生物学检测
	活动1.5	参加由国际参考实验室或区域参考实验室牵头组织的实验室能力比对试验

进展2（监测） 监测体系得到进一步加强：在被动监测方式进步明显，并可捕获任何与PPR相关的事件 监测体系增加了新的组件，分别是：（a）在屠宰厂和交易市场的被动监测；（b）通过协调其他主管野生动物/环境/猎户组织的部委开展野生动物被动监测（一些野生动物可作为哨兵动物，对任何PPRV从家养小反刍动物向外传播扩散事件发挥指示作用）；（c）加入次区域流行病学网络中（如果有）	活动2.1	培训屠宰场检疫员，增强其对PPR的认识，并能进行鉴别诊断（培训内容应包括样品采集、保存和在恰当的运送条件下移交给最近的样品收集点等，以免因操作不当而影响检测结果）
	活动2.2	设计程序以提高对环保部门和其他与野生动物管理相关的组织的协作程度
	活动2.3	为猎户组织宣传活动，增强其对PPR的认识
	活动2.4	参加流行病学监测网络（如果有）的活动；向网络提供合适的数据
进展3（预防控制） 完成了目标免疫 政府决定向目标区域或亚群拨款用于免疫（其他区域的免疫工作可能仍是私人行为）。阶段2的免疫目标区域或亚群的工作可能会逐步扩展到检测初始范围以外的临床病例，如果发生这种情况，那么相应的信息也应收录到监测系统里	活动3.1	根据国家通过的控制策略编制临床免疫程序，为此国家PPR委员会应指定特别工作组完成相关工作
	活动3.2	培训临床免疫团队
	活动3.3	根据国家通过的控制策略开展临床免疫
	活动3.4	采集数据，对免疫运行开展免疫效果评估，同时审视整体免疫链工作情况
进展4（预防控制） 加强了额外措施以确保免疫成功，特别是： （i）对所有疫情都做了调查以便搞清楚在免疫覆盖区域仍有疫情发生的原因，并协助确定免疫区域是否需要扩展（在这种情况下，至少要维持阶段1划定的范围） （ii）实施动物移动控制以保证处于不同动物卫生水平（因免疫）的两个畜群的动物相互分离，但可能有些国家无法进行有效控制。在这种情况下，可以只允许已免疫动物进入那些目标区域	活动4.1	设计疫情调查表来收集以下信息： （a）病毒传入受感染场所的大概日期 （b）可能的传入方式 （c）潜在的传播情况
	活动4.2	对所有发现或报告的疫情进行调查，不论疫点处于免疫区内还是免疫区外
	活动4.2	与其他相关机构（特别是警方）密切合作，在免疫和非免疫区实施移动控制措施

进展5（立法） 执法工作可以完全满足阶段2可预见的防控工作需要	活动5.1	召开特别工作组会议（包括兽医机构、其他权力机关和利益相关方）以进一步了解控制措施对各利益相关方的影响（包括财政方面），并作必要的修订以满足一线控制工作要求
	活动5.2	（特别工作组）提出现行法律法规的具体修订案以更好地服务小反刍兽疫防控工作
成果6（利益相关方参与） 利益相关方充分参与到阶段2可预见的控制工作中，特别是： （i）为一线免疫工作提供便利——快速收拢动物并加以管理 （ii）遵守国内动物移动控制规定 （iii）确保尽早向兽医机构报告疑似临床病例：在这一阶段，及早报告临床疑似病例对于调整已有控制措施非常关键 认知和交流是解决问题之道	活动6.1	制作信息丰富的宣传材料并分发给畜主以增强其对疫病的认知，继而促使其报告疑似病例
	活动6.2	准备交流材料用于向利益相关方（特别是畜主）解释有关防控措施并说服其给予配合也很必要
	活动6.3	召开有畜主及其合作伙伴（如NGO等）参加的会议
	活动6.4	召开包括野生动物专家和其他相关方（如猎人）在内的会议，向其介绍PPR防控中有关野生动物方面的情况

2.3.2.5 阶段2工具的具体使用[1]

（1）监测（主要是被动监测）

阶段2的监测有2个目的：(a) 早检测早发现PPR；(b) 监视PPR（病例和感染）的流行程度、分布和发生情况。

监测体系的被动监测部分完全可由基层兽医网络和在屠宰场、交易市场的监测开展，但在防控计划的前期不能太依靠这一级别的力量来完成主动监测。

---

1 本节中只提及那些在各阶段使用方法有所不同的工具，具体是：(a) 监测；(b) 免疫，包括免疫监视；(c) OIE针对PPR相关标准。所有其他在第一部分提及的工具，不论在哪阶段都以同一种方式加以运用，阶段间没有差别。

这一阶段的监测工作必须要证明免疫区与非免疫区的动物卫生状况明显不同，因此要将分析流行病学内容纳入整个监测体系。

注意：对已免疫畜群，血清学监测不能作为主动监测的方法。血清学监测是用来对已免疫畜群进行免疫效果评估，继而评估免疫程序的有效性。

（2）免疫

免疫策略主要包括以下两方面：

①作为一项普通控制措施，对特定区域（PPR流行区或高风险区，或受到高风险威胁或有较高商业价值的特定种群）开展的常规免疫。

②作为一项应急措施使用，具体包括以下几种情况：（a）向出现临床病例地区投入疫苗并进行免疫；（b）在已免疫或未免疫地区/生产系统出现临床病例时紧急使用，同时涉及疫苗投递。对于已免疫地区/生产系统出现临床病例的情况，要开展免疫失败原因调查。

上述免疫内容适用于所有家畜的连续2年期的免疫工作，包括针对新生家畜进行的为期1年或2年的持续免疫。针对极干旱、干旱和半干旱半湿润地区的游牧生产系统和农牧生产系统，每年进行1次免疫。针对半干旱半湿润和湿润地区以种植业为主的种植-畜牧生产体系，每年进行2次免疫。针对城郊生产方式，应根据畜群中动物的更迭情况每年进行1次或2次免疫[1]。

（3）免疫后评估

免疫后评估（PVE）应是完整监测系统的一部分，用于开展特定活动，但不局限于对已免动物进行免疫应答评估。免疫评估包括主动筛查、被动报告和对整个系统运行情况的监视等，对整个疫苗投

---

1 由于具体情况各不相同，很难准确划定进行免疫动物的比例。但为便于全球策略计算有关免疫计划所需费用，将全国小动物总数的20%~50%设定为目标免疫动物数。

递系统（从采购、运输、仓储到最终免疫动物）的冷链运行状况进行检查，确保不发生影响疫苗效果和免疫效果的情况。详见附件3.4。

2.3.2.6 阶段2的支持条件

在阶段2，兽医机构必须具有必要的权限和能力以有效实施主要基于免疫的各项控制措施。此处给出15个实现第二阶段工作目标的关键要素。最主要的内容是获得和/或开展本阶段工作的能力，即在强有力的指挥系统（CCⅠ.6.A）和数据管理系统（CCⅠ.11）的支持下开展的疫病防控和根除工作（CCⅡ.7）以及被动监测（CCⅠ.6.B，Ⅱ.5.A和Ⅱ.8.B）。最重要的是获得持续的足够的财力（CCⅠ.7）和物力（CCⅠ.8）支持，因为这项根除计划将持续数年。在阶段2，一国在实施针对性免疫和移动控制等措施后，可看到某区域的动物卫生状况明显不同于其他区域（CCⅣ.7）。如此，大多数指标都可达到第3档，但从最终根除的目标出发，有4个指标（资金和沟通尤为重要）应达到第4档。

OIE PVS关键能力（CC）			OIE PVS目标晋级档次
CCⅠ.1.A	兽医机构的专业、技术人员——兽医及其他专业人员	3	大部分地方（基层）兽医及其他专业岗位配备了合格人员
CCⅠ.1.B	兽医机构的专业、技术人员——兽医辅助人员及其他技术人员	3	大部分地方（基层）技术岗位员工具有相应资格
CCⅠ.2.B	兽医辅助人员专业能力	3	兽医辅助人员培训标准统一，具备基本专业能力
CCⅠ.6.A	兽医机构协调能力——内部协调（指挥链）	3	针对某些工作制定了内部协调机制及明确有效的指挥链
CCⅠ.6.B	兽医机构协调能力——外部协调	3	针对某些工作和/或领域制定了正式的外部协调机构，且制定了明确的协调程序和相关协议

OIE PVS关键能力（CC）			OIE PVS目标晋级档次
CC I.7	物力资源	3	国家、地区和部分基层的兽医机构物力资源配置合理，只需偶尔维护和更新陈旧设备
CC I.8	运转资金	4	用于开展新任务或扩展现有任务的资金视具体情况而定，并且不总是基于风险分析和/或成本效益分析
CC I.11	资源和业务管理	4	兽医机构定期分析记录并形成书面程序，以提高效率和效益
CC II.5.A	流行病学监测及早期检测——被动监测	3	兽医机构在全国按照OIE标准通过健全的基层网络对部分重大疫病进行被动监测，将疑似病例样本送交实验室诊断，并可获得正确的诊断结果。兽医机构拥有国家疫病报告基础体系
CC II.8.B	在屠宰场和其他相关场所实施的宰前宰后检疫	4	出口企业以及供应全国和当地市场的所有屠宰场均按照国际标准进行宰前宰后检疫和疫病信息收集（及必要的协调）
CC III.1	交流	4	兽医机构联络点可通过互联网及其他渠道提供关于兽医机构的行动和计划的最新信息
CC III.6	生产者和其他利益相关方参与联合计划	3	生产者和其他利益相关方代表与兽医机构就计划的实施和组织问题进行协商

OIE PVS关键能力（CC）			OIE PVS目标晋级档次
CC IV.2	实施法律法规，并监督利益相关方遵照执行	3	兽医法得以普遍实施。在多数相关业务范围内，兽医机构有权在必要时针对违法事件采取法律行动/提起诉讼
CC IV.7	区域化	3	兽医机构已针对选定的动物和动物产品实施了生物安全措施，可在必要时建立并维持无疫区

2.3.2.7 阶段2与其他动物疫病控制活动相结合

很难预估小反刍兽疫防控工作能对本区域内的小反刍动物的其他疫病防控提供多大程度的补充支持。但有一点仍需强调，那就是评估合并小反刍兽疫疫苗和其他疫苗的管理工作的可行性。如与畜主咨询或讨论这一问题，可能也会是一个讨论动物卫生（福利）等广泛议题的好机会。

此外，在阶段2开展的一些工作实际上不是特别针对小反刍兽疫的，这些工作可以同时用于其他疫病防控项目：

>进展1→活动1.5

>进展2→活动2.1；2.2；2.4

>进展3→活动3.1；3.2；3.4

>进展4→活动4.1

2.3.3 从阶段2进入阶段3

最低要求：

>阶段2的所有工作都成功完成。

>根据全球小反刍兽疫控制策略A、B、C部分内容编制国家策略。

注意：根除计划是以更积极的方式继续推进/加强阶段1末期确定的控制策略，其目的是在全境（区域）根除小反刍兽疫。

阶段3》根除阶段

2.3.3.1 阶段3的流行状况

在阶段3起始时期，那些在阶段2实施免疫计划的畜群应无小反刍兽疫临床病例。对于免疫计划未覆盖的畜群，可能有3种情况：

>无小反刍兽疫病毒流行；

>小反刍兽疫病例/疫情只是零星散发（假设防控计划对免疫区外周边地区的动物产生间接预防效果）；

>呈地方流行（但经济-社会影响较小，否则相关畜群应纳入阶段2的免疫计划）。

对第一种情况，需要具备预防措施和应急反应能力；对后两种情况，应采取有效的控制措施。

在阶段3结束时，全境应没有临床病例，检测结果显示在家畜和野生动物中无小反刍兽疫病毒流行。

2.3.3.2 阶段3的重点

阶段3的重点是实现在一国境内根除小反刍兽疫。

该国应具有继续推进根除PPR计划的能力和资源。至于是否将免疫范围扩展到阶段2未包括的其他生产系统或区域，是否采取以不免疫为基础的根除策略，都要根据阶段2的评估结果来确定。向根除方向迈进意味着一国应具有更充足的能力和资源实施更积极的控制策略，阻止病毒在可能发生疫情的场所流行。

在这一阶段，一国向根除方向迈进就要求任何可能与小反刍兽疫相关的动物卫生事件都要迅速开展检测、报告并立即采取适当的控制措施加以处置。该国必须制订小反刍兽疫应急计划并具有实施能力，应急计划应是根除计划的一个组成部分。如果某地区/生产系统出现新的小反刍兽疫病毒传入风险，则必须通过监测系统和流行病学分析方法予以识别和确认。应有风险分析和风险评估的指南和手册等。

阶段3建议持续时间：平均3年（2～5年）。

2.3.3.3 阶段3的特定目标

诊断	通过引入实验室质量保证体系进一步加强实验室能力
监测	结合应急反应机制以加强监测工作
预防与控制	或者采取措施将免疫范围扩展到未免疫的其他生产系统或区域，或者采取更积极政策阻止疫点地区的病毒扩散
立法	进一步完善立法保障风险控制工作，包括防止小反刍兽疫从境外传入的措施，还要包括建立补偿机制
利益相关方参与	以利益相关方全面参与的方式确立疫情控制补偿金额评定程序

2.3.3.4 阶段3的进展与活动

进展1（诊断体系） 实验室开始建立实验室质量保证体系 实验室至少应维持上一阶段的水平，同时至少要在所有兽医机构的实验室内建立质量保证体系。与国际参考实验室保持密切联系	活动 1.1	在中央实验室及其分支实验室采用质量控制体系，在全国范围内建成实验室网络。按照质量保证体系标准制定处置、检测小反刍兽疫病毒的全部程序
	活动 1.2	针对所有开展小反刍兽疫诊断的实验室，采购工作要实行并行程序，确保所有采购试剂、设施设备都符合质量保证体系
进展2（监测体系） 监测体系进一步提升，并增加早期预警功能 监测体系除继续开展前几阶段的工作外，还要在本阶段提高其敏感度：（a）将收集邻国（或有传入小反刍兽疫风险的进口国）有关动物卫生信息作为一项常规工作；（b）针对特定目标群体（未免疫新生畜）或牛群（作为小反刍兽疫病毒流行的代理指示器）进行高分辨率监测；（c）增加对野生动物病例的监测活动	活动 2.1	建立掌握邻国或进口国小反刍兽疫疫情动态的程序。在阶段1被指定开展定性风险评估的特别工作组继续开展这项工作
	活动 2.2	针对仍有小反刍兽疫疫情发生的畜群/地区设计并实施监测活动，并减少对相关情况的误解
	活动 2.3	增加野生动物和其他易感品种动物的血清学监测数据采集

进展3（预防与控制） 　　采取旨在根除小反刍兽疫的更积极的控制策略，如有可能配套扑杀政策（与补偿机制挂钩） 　　可能是：（a）在整体区域或国家范围内实施免疫计划；（b）作为更积极控制策略的一部分，实施目标免疫计划。两种情况都是期望控制政策最终能根除小反刍兽疫。有关免疫计划要根据阶段2的免疫（免疫评估）和持续监测结果确定 　　对于（b）中的情况，要继续做好应急准备和应急预案，如有可能还要结合扑杀政策以便更快速地控制疫点的临床病例，并缩短对畜群的传染期 　　应鼓励育种人员加强农场的生物安全措施（与扑杀补偿政策挂钩）；同样在活畜市场也要加强生物安全措施	活动 3.1	根除持续监控结果和阶段2的评估结果，在仍有病毒传播的地区（已免疫区或非免疫区）开展免疫。同时要对所有已免疫动物加以标示
	活动 3.2	开展监测活动，收集数据开展免疫效果评估，继而评估免疫计划。同时对整体免疫链进行监控
	活动 3.3	制订紧急情况下应急预案，并由兽医主管当局核准和同意。国家小反刍兽疫委员会应当指定一个专家组（如果需要可邀请国际专家给予支持）来制订这一方案
	活动 3.4	通过开展临床演习检验正确执行应急预案的能力，并将演习作为保持高度警觉状态的一种方式
	活动 3.5	一旦出现可疑情况就快速采取初级预防措施（如果最终没有确认疫情则撤销，如确认则快速跟进）
	活动 3.6	疫情一旦确认就快速采取措施控制病毒传播（至于所采取的措施是动物移动控制、扑杀还是应急免疫，或几项措施合并实施，则是一国的政策抉择）
	活动 3.7	国家小反刍兽疫委员会应设计有关官方扑灭疫情、取消管制措施的现场程序并予以实施
	活动 3.8	根据OIE《陆生法典》（第1.6章和第14.7章）自愿向OIE提交国家控制计划，并申请批准

进展4（法规） 　　兽医法规对以下情况有明确规定：（i）对为控制疫情而扑杀的小反刍动物给予补偿（扑杀应作为控制政策的一部分予以采纳）；（ii）在活畜市场和农场提高生物安全水平。有关小反刍兽疫法规律得到恰当执行 　　运用标识系统有助于提高对小反刍动物的追溯和移动控制能力	活动 4.1	制定补偿程序，以支付为控制疫情而扑杀的动物的补偿款 　　（国家小反刍兽疫委员会应当指定一个特别工作组编制这一程序）
	活动 4.2	针对如何提高活畜市场、农场的生物安全水平，以及这些生物安全措施对利益相关方产生何种影响等问题进行研究 　　（国家小反刍兽疫委员会应当指定一个特别工作组开展这一工作）
	活动 4.3	开展实施动物标识系统的可行性研究
	活动 4.4	完善现有立法，以支持阶段4将要实施的新控制措施（补偿机制、生物安全、动物标识）；此外，暂停或停止免疫的规定也应包括在内
进展5（利益相关方参与） 　　利益相关方积极向有关方面咨询有关补偿安排并参与动物的标识工作 　　像前几阶段一样，利益相关方的参与在本阶段也非常重要，有足够的证据表明利益相关方充分分享了控制计划的所有成果，他们也是根除工作的部分决策者。持续交流仍然是一项重要内容	活动 5.1	国家小反刍兽疫委员会建立特别程序以处理由利益相关方提出的有关关切，因为对小反刍兽疫的控制/根除工作可能影响了其经济活动
	活动 5.2	国家小反刍兽疫委员会处理利益相关方提出的特殊要求（如果可能则由工作组予以协助）
	活动 5.3	分发交流材料，用媒体宣传、口头方式或召开特别会议方式，向包括潜在伙伴（如NGO）在内的所有利益相关方说明国家以全国之力开展根除工作，请各利益相关方全力支持

2.3.3.5 阶段3工具的具体使用[1]

（1）监测（主动和被动监测结合，但更注重被动监测以发现新疫情）

阶段3的监测有3个目标：（a）及早发现可能出现的小反刍兽疫；（b）对新的病毒传入事件进行解释，对快速反应结果进行监控，如适合，对可能需要进一步完善的预防和应急响应计划提供指导；（c）证明无小反刍兽疫临床病例或感染病例。

（2）免疫

在阶段3，将根据阶段2实施结果确定免疫策略。监控和评估工具（PMAT和PVE）起到关键作用。下一步工作将取决于监控和评估的结果[2]。

>如果整个地区或生产系统在发生PPR的地方流行，或有流行的趋势，那么达不到阶段2目标，就要在全地区或全生产系统连续免疫2年，并对随后的新生畜进行为期1～2年的连续免疫。

>如果小反刍兽疫疫情明确局限于于阶段2未免疫的地区或生产系统，则应根据PVE结果在上述地区或系统开展1～2年的针对性免疫。

>如果阶段2未免疫地区/生产系统极少发生小反刍兽疫疫情，则该国可以开展扑杀计划。这一措施可以排除PPRV对非免疫地区/环节的威胁。

如果采取目标控制策略，则要求相关国家有能力对未免疫的畜群进行小反刍兽疫的传入风险评估，并采取恰当措施予以防范。

如果风险评估显示有从邻国传入小反刍兽疫的风险，则应

1　本节只提及那些在各阶段使用方法有所不同的方法，具体是：（a）监测；（b）免疫，包括免疫后监控；（c）OIE针对PPR相关标准。所有其他在A部分提及的工具不论在哪一阶段都以同一种方式加以运用，阶段间没有差别。

2　如阶段2所述，很难预见需免疫小反刍动物的比例。在阶段3免疫比例范围定为20%~75%。

考虑在高危地区（如沿边境线或贸易通道的缓冲区）进行针对性免疫。

（3）免疫评估

同前几阶段一样，PVE要开展一些特别活动以确保：(a) 随着时间的延续，已免动物的免疫保护水平与目标水平一致或高于目标水平；(b) 对整个疫苗投递系统进行持续监视，以确保冷链运行良好，能保证疫苗效果和免疫效果；(c) 通过监测活动证明小反刍兽疫病毒的流行趋势减弱。

（4）OIE标准的应用

在阶段3，一国应向OIE提交其国家控制计划（CP3），以便按照OIE《陆生法典》第1.6章和第14.7章有关规定，对其控制计划进行官方认可。CP3应根据控制策略和根除策略，以及阶段1、阶段2的防控成果为基础进行制定，以便长期不断地开展小反刍兽疫控制工作。

2.3.3.6 阶段3的支持条件

在阶段3，兽医机构必须具有必要的权力和能力，来实施更积极的控制措施以在全国境内根除小反刍兽疫，并通过适当的应急措施维持这一成果。这涉及两个关键能力（CC）。阶段3最重要的是要确保实验室启用了质量保证体系、具有了动物标识和移动控制能力（CC II.12.A）。

OIE PVS关键能力		OIE PVS目标晋级档次	
CC II.2	实验室质量保证	2	公共兽医机构使用的部分实验室采用正规的质量保证体系
CC II.12.A	标识追溯——动物标识及移动控制	3	兽医机构按照相关国际标准，根据疫病控制需要对特定动物亚群实施标识与移动控制措施

2.3.3.7 阶段3与其他动物疫病控制活动相结合

是否与其他小反刍动物疫病的控制相结合，要根据一国实际采取的控制策略而定。如果预计其他动物疫病根除策略也要实施大规模免疫计划，则有可能合并进行（如果二者免疫程序相同）。

进展1→活动1.1、1.3

进展4→活动4.1、4.2、4.3

2.3.4 从阶段3进入阶段4

最低要求：

>阶段3所有工作都成功完成。

>暂停免疫，过去24个月内无小反刍兽疫临床病例。

阶段4》后根除阶段

>2.3.4.1 阶段4的流行状况

>大量证据表明在一国全境或某区域的家畜中无小反刍兽疫病毒流行。小反刍兽疫发生率非常低（低至0），如有也仅是从国外传入的。

值得注意的是小反刍兽疫易感畜群的卫生状况与能否获得进入阶段4的认可直接相关（不同于前几阶段）。

注意：根据OIE《陆生法典》规定，小反刍兽疫仅指家养绵羊、山羊感染小反刍兽疫病毒（第14.7章）。因此，官方无疫状况是仅就家养动物而言的。

2.3.4.2 阶段4的重点

阶段4的重点是证明中止免疫后，既无小反刍兽疫临床病例，也无病毒循环。

进入阶段4，则意味着一国将采取一系列措施以获得官方无小反刍兽疫认可。

在阶段4，采取以早发现、早报告、应急响应和应急预案为主的根除和预防措施。该阶段不必免疫；如果开展紧急免疫，则说明该国或区域（"区域"定义见OIE《陆生法典》）的防控等级自动降为阶段3。

2.3.4.3 阶段4的特定目标

诊断	保持前一阶段达到的水平，并强化鉴别诊断。开始进行小反刍兽疫病毒测序工作
监测	监测目的转为证明无小反刍兽疫
预防与控制	暂停免疫。根除和预防措施以扑杀、进口移动控制、生物安全措施和旨在掌握潜在传入路径的风险分析为主
立法	进一步完善兽医立法以适应更趋严格的边境控制措施；制定在小反刍兽疫无疫状态下的有关规定（如污染）
利益相关方参与	使利益相关方对小反刍兽疫保持警惕和担当

2.3.4.4 阶段4的进展与活动[1]

进展1（诊断系统）	活动1.1	制定一个流程图说明如何处置小反刍兽疫疑似情况，以及在排除小反刍兽疫后如何开展针对其他病的调查
在实验室中开展诊断活动，同时将用于诊断小反刍兽疫的相关能力扩展到对其他疫病的诊断。此外，所有与小反刍兽疫相关的材料都要封存在一个安全的地方，并要处于兽医机构的监管之下，以免有意/无意地导致小反刍兽疫再发	活动1.2	培训实验室人员开展小反刍兽疫鉴别诊断
	活动1.3	确定、编制清单并检查所有含有小反刍兽疫病毒的材料，将其封存在恰当的地方（将来可能进行销毁）

1　本节中只提及那些在各阶段使用方法有所不同的工具，具体是（i）监测；（ii）免疫，包括免疫后监控；（iii）OIE针对PPR的相关标准。所有其他在A部分提及的工具不论在哪一阶段都以同一种方式加以运用，阶段间没有差别。

（续）

进展2（监测） 　　如前几阶段一样，对高危畜群进行监测 　　监测系统已经非常完备，足以发现任何动物与小反刍兽疫有关的信号，并作跟进调查以确认发现小反刍兽疫病毒或予以排除 　　对疑似病例可以定义的宽泛些以便捕获任何与小反刍兽疫相关的卫生事件	活动2.1	组织培训活动使基层兽医人员了解本国小反刍兽疫防控所处的阶段
	活动2.2	设计并开展研究，以证明中止免疫后出生的新生畜未暴露于PPR病毒下（对按照OIE给出的免疫程序进行免疫后出生的动物，也可以采取血清学监测方法）
	活动2.3	根据流程，在需要时应对高危畜群（如在与小反刍兽疫流行国家接壤的地区）进行额外的临床和血清学检测
进展3（预防与控制） 　　采取旨在根除小反刍兽疫的更积极的控制策略，如有可能则配套以扑杀政策（与补偿机制挂钩） 　　可能是：（a）整体区域或国家实施免疫计划，（b）作为更积极控制策略的一部分，实施目标免疫计划。两种情况都是期望控制政策最终能根除小反刍兽疫。有关免疫计划要根据阶段2的免疫（免疫评估）和持续监测结果确定 　　对于（b）中的情况，要继续做好应急准备和应急预案，如有可能还要结合扑杀政策以便更快速地控制疫点的临床病例，并缩短对畜群的传染期 　　应鼓励育种人员加强农场的生物安全措施（与扑杀政策挂钩）；同样在活畜市场也要加强生物安全措施	活动3.1	发生疫情时，按应急计划规定进行控制
	活动3.2	加强与海关机构合作，优化边境防控工作
	活动3.3	常规性地开展风险分析
	活动3.4	自愿向OIE提交材料，申请获得符合OIE《陆生法典》第1.6章和第14.7章有关规定的无小反刍兽疫官方认可

（续）

进展4（立法） 兽医立法全面支持根除小反刍兽疫工作的深入推进 国家立法工作需要进一步完善，并将进口活动物管理纳入其中以降低传入风险 在这阶段，在审查有关进口活动物及其产品（可能携带小反刍兽疫病毒）的法律规定时，应咨询国际专家以确保有关措施符合SPS协定有关要求（如该国是WTO成员） 法律条款还应包括一些针对无疫状态下的额外条款（如根据OIE要求建立控制区）	活动4.1	完善有关立法，特别要确保有阶段4可预见的预防控制措施（特别是防止病毒通过边境传入的措施）
进展5（利益相关方参与） 利益相关方完全了解国内小反刍兽疫防控状态，并愿意在发生紧急情况时快速进行全面合作 本阶段，利益相关方的参与不仅对立法工作非常关键，而且对其他相关事务也非常重要。在这一阶段，利益相关方明白一旦出现疑似小反刍兽疫的后续情况，继而获得其全力配合。交流仍然是一个关键工作	活动5.1	组织会议使利益相关方了解该国目前的小反刍兽疫卫生状态，并使其明白任何疑似小反刍兽疫情况都将按突发事件予以处置
	活动5.2	准备并散发宣传材料，使畜主和其他利益相关方对小反刍兽疫保持高度警惕

2.3.4.5 阶段4采取的特殊方法

（1）监测（主动和被动监测）

阶段4的3个目标与阶段3的相同：（a）及早发现可能出现的小反刍兽疫；（b）对新的病毒传入事件进行解释，对快速反应结果进行监控，如适合，对可能需要进一步完善的预防和应急响应计划提供指导；（c）证明无小反刍兽疫临床病例或感染。

但在阶段4，监测的目的就是维持无小反刍兽疫状态，并成功结束小反刍兽疫逐步控制路径，因此监测的焦点是证明该国无小反刍兽疫。因此，阶段4的监测工作必须按照OIE《陆生法典》第14.7章节有关规定进行（申请OIE进行无小反刍兽疫认证的国家，要按照第14.7.29，第14.7.30和第14.7.31章节有关内容开展监测工作）。

另一个主要目的是发现任何新发小反刍兽疫病例，并为应急响应提供流行病学指引。流行病学工具将着重关注小反刍兽疫病毒的传入风险，将按畜群暴露于小反刍兽疫病毒下的风险水平进行划分，并确定对应的预防和应急措施。

注：所有材料、组织（培养物或病料）都应保持于实验室中或予以销毁。

（2）不实施免疫（因此也无免疫后监视活动）

所有疫苗（单价或多价）的储备均由主管当局负责管理，在未经许可地点存放的疫苗或被转移或被销毁。

（3）采用OIE标准

在阶段4尾声，一国可以根据OIE《陆生法典》（第1.6章针对自我宣布无疫，第14.7章针对OIE官方宣布无疫）申请OIE官方无小反刍兽疫认可。

注意：（a）当一国获得OIE官方无小反刍兽疫认可，则其完成了逐步控制路径；（b）当一国因家畜中出现小反刍兽疫而被OIE暂停了无疫认可时，其防控阶段自动降到第三阶段，直到OIE重新认证其无疫状态。

2.3.4.6 阶段4的支持条件

兽医机构必须有必要的权力和能力预防小反刍兽疫从邻国传入（CCⅡ.4），开展早期检测并报告任何新发的小反刍兽疫疫情，并按照国家小反刍兽疫应急预案做出快速响应（CCⅡ.6），维持全国或明确界定区域的小反刍兽疫无疫状态（CCⅣ.7），以及开展上述应急反应所需的足额资金（CCⅠ.9）。当一国向OIE申请无小反刍兽疫官方认可时，小反刍兽疫必须是该国法定通报疫病，且较好地（基于快速通报的早期报告机制）向OIE做了通报（CCⅣ.6）。

OIE PVS关键能力（CC）			OIE PVS目标晋级档次
CCI.9	应急资金	4	安排充足的应急资金和补偿资金。但在发生紧急情况时，需先经过非政治性审批程序，视具体情况决定是否动用资金
CCⅡ.4	边境隔离检疫与安全	3	兽医机构能够依照国际标准制定和实施边境隔离检疫和安全程序，但这些程序不必系统地涵盖动物和动物产品非法进口问题
CCⅡ.6	应急响应	4	兽医机构拥有突发卫生事件确认程序，并拥有必要的法规制度、经费支持以及迅速应对突发卫生事件的指挥链。兽医机构针对某些外来疫病制定了国家应急预案，并对其进行定期更新或评审
CCⅣ.6	透明	3	兽医机构根据OIE（如适用也包括WTO-SPS委员会）确立的程序进行通报

2.3.4.7 阶段4与其他动物疫病控制活动相结合

与海关部门不断加强合作，使贸易的便利化和强化措施不仅针对于小反刍兽疫防控，而且同样适用于其他动物疫病。

在本阶段，如果已将其他动物防控工作与小反刍兽疫防控工作结合，则可就这种结合方式对其他动物疫病防控的提升作用进行评估。这种评估对其他动物疫病防控工作有所裨益。

3 区域层面的策略

3.1 控制和根除小反刍兽疫

3.1.1 要点

①需要开展区域协作。实施全球控制策略需要区域内各方的策略、措施相协调一致。加强各方负责动物卫生工作的部级机关及其下属单位（兽医局、实验室、流行病学团队）间的交流互动是达到这一目的的有效办法。

②加强区域组织（如非洲的AU-IBAR、SADC，亚洲的ASEAN、SAARC等）与国际组织间的合作有益于区域协作，尤其在拓展区域或次区域项目、捐资人、区域和国际联盟（动物产品生产商、疫苗生产商、国际私人兽医联合会等）方面。

③区域网络对促进区域协作至关重要。全球牛瘟根除项目经验表明网络是促进协作的最佳途径。诸多方面都可从这一网络中受益，如：协调一致的诊断方法和流行病学方法；动物卫生信息交流和计划实施的控制策略；对动物群体移动的控制，包括边境控制；相关法律法规的一致性；分享并使用新的科学技术；在区域层面举办针对国家级实验室和流行病学官员的联合培训等。

④GF-TADs区域动物卫生中心是实施区域策略的重要角色。组建或加强区域动物卫生中心（RAHCs）有益于区域活动的开展，因RAHCs拥有本区域内各领域的专家资源。区域经济体及其他区域组织（如非洲的非盟动物卫生资源局）与RAHCs建立联系将非常重要。

3.1.2 区域层面的主要进展与活动

进展1（诊断） 　全球控制策略建议的9个区域、次区域（见第三部分）都已建立了区域实验室网络或得到进一步加强，该网络覆盖了所有的国家实验室 　提名其中的一个（或两个）实验室作为区域牵头实验室（RLL），承担一些特定职责任务 　如果该区域拥有OIE FAO参考实验室/中心，那其将作为RLL；如果没有，则RLL需要与OIE FAO参考实验室/中心建立密切联系 　FAO/IAEA的相关部门将向RLL和国家实验室提供帮助	活动1.1	在9个区域、次区域中建立或强化区域实验室网络，并指定区域牵头实验室（RLL）
	活动1.2	（RLL）每年组织会议，便于国家级实验室人员间交流或对其进行培训
	活动1.3	（RLL）组织年度小反刍兽疫检测能力比对试验
	活动1.4	（RLL）在区域层面组织开展诊断方法、质量控制等方面的培训
	活动1.5	（RLL）在需要时提供参考诊断方法
	活动1.6	（RLL）在需要时开展结对项目
进展2（监测） 　全球控制策略建议的9个区域、次区域（见第三部分）都已建立了区域流行病学网络或得到进一步加强 　区域流行病学网络将由公认的区域流行病学中心协调运转，后者将成为区域流行病学中心牵头方（RLEC），即区域网络协调员 　如区域已有OIE/FAO指定的参考心，则其将成为RLEC 　RLEC将与各国实验室及其所在的区域实验室网络紧密合作	活动2.1	在全球控制策略建议的9个区域、次区域都已建立了区域流行病学网络或得到进一步加强
	活动2.2	（RLEC）每年组织会议，便于国家级流行病学人员间交流或对其进行培训
	活动2.3	（RLEC）监视区域PPR形势、开展风险分析和PPR疫情情报研究
	活动2.4	（RLEC）在需要时向网络成员提供培训和专业技术支持
	活动2.5	（RLEC）在需要时开展结对项目

进展3（预防控制）通过区域动物卫生中心（RAHCs）的专业技术支持和建立地区PPR疫苗库，区域应急反应能力得到提升（所提供疫苗质量应符合或高于OIE《陆生手册》设定的要求）	活动3.1	建立或强化RAHCs建设，以向区域成员提供技术支持
	活动3.2	建立区域PPR疫苗库
	活动3.3	组织演习
	活动3.4	在需要时向成员派出专家团，为区域（或国家）策略和控制计划（或项目）提供支持
进展4（法律框架）条件成熟时，在区域层面协调成员国，使有关PPR防控和其他涉及动物卫生的一般立法内容相互一致 一些特定内容，如小反刍动物跨境移动（游牧、贸易）、认证、赔偿等，最好在区域层面协调一致；区域经济组织的政策需要根据成员国主权进行完善修订	活动4.1	组织区域会议
		向成员（或RECs）派专家团以帮助其完善有关立法内容（指出需提升的方面，更新有关条款或给出新文本）
进展5（区域协作）全球控制策略建议的9个区域、次区域（第三部分）都已制订了区域小反刍兽疫根除方案 作为方案的一部分，"区域小反刍兽疫路线图会议"已经到位。会议将交流根除策略实施中的经验教训。这些信息将是评估区域小反刍兽疫状态的依据。一些重要内容，如免疫措施、动物移动控制及小反刍兽疫防控相关立法等重要内容将在这类会议上进行讨论	活动5.1	（PPR 路线图秘书处与区域GF-TADs秘书处、PPR全球GF-TADs工作组合作）每年组织OIE代表/首席兽医官及其合作伙伴召开"PPR区域路线图会议"（该区域路线图会议将尽可能地与相关的GF-TADs区域执委会联合进行）
	活动5.2	组织召开区域专题会/疫病防控项目会

3.2 强化兽医机构

在区域层面有大量围绕兽医机构能力建设开展的活动，其中包括一系列OIE国家联系人区域会议。

通过定期的OIE区域委员会和GF-TADs区域执委会等会议，使各成员交流动物卫生信息、协调相互动物卫生政策和疫病控制策略。

3.3 结合其他疫病控制工作

在区域层级，针对小反刍兽疫防控的原则、措施也可用于其他疫病的防控：建立相关疫病的区域实验室和流行病学网络，每年召开一次会议交流相关疫病疫情信息、协调各自政策、编制控制策略。这类会议尽可能地与其他会议联合举办，如GF-TADs区域执委会会议。

4 国际层面的策略

4.1 控制和根除小反刍兽疫

4.1.1 要点

①GF-TADs管理机构（全球执行委员会、全球秘书处、管理委员会）将继续运转，并作为全球小反刍兽疫控制和根除计划（PPR-GCEP）全球秘书处向该计划提供支持。在建立PPR-GCEP后，GF-TAD PPR工作组的去向和职责也将重新考虑。

②国际组织间合作有益于全球控制策略。FAO和OIE两大国际组织将与其他国际、地区组织和私营团体密切合作。

③专注于PPR实验室诊断和研究的OIE参考实验室、FAO参

考中心，以及专注于PPR及其他主要小反刍动物疫病流行病学的OIE协作中心、FAO参考中心，将分别建立全球性的实验室网络和流行病学网络[1]。

④ FAO-OIE GF-TADs将设立PPR-GREN平台以募集小反刍兽疫防控专家，以制定和实施防控项目。

⑤ FAO/IAEA有关部门将继续积极支持有关国家/地区的实验室工作。

4.1.2 国际层面的主要进展和活动

进展1（诊断体系） 由OIE和FAO参考实验室/协作中心建立PPR国际实验室网络以开展相关国际工作 全球共有3个小反刍兽疫参考实验室（法国、英国和中国），其中前两个同时也是FAO小反刍兽疫参考实验室（见附件2） 全球控制策略将通过既有活动和特定项目（理论、应用研究）对这些实验室予以支持 FAO/IAEA联合部门将与OIE、FAO参考实验室、协作中心一起一如继往地对区域和国家实验室给予帮助，使其加入区域和全球实验室网络，以确保其能了解新技术。全球控制策略将支持PPR-GREN	活动1.1	建立PPR国际实验室网络
	活动1.2	（PPR国际实验室网络）每年组织区域牵头实验室开展实验室能力比对实验，帮助区域牵头实验室开展有关国家实验室间的能力比对实验
	活动1.3	（PPR国际实验室网络）组织召开PPR诊断方法国际会议
	活动1.4	（PPR国际实验室网络）作为OIE和FAO参考实验室/协作中心网络，开展毒株特性监控、项目研究和培训等工作
	活动1.5	建立PPR-GREN平台

---

[1] 见第一部分4.7和4.8。

进展2（监测） 由OIE和FAO参考实验室/协作中心建立PPR国际流行病学网络以开展相关国际工作，帮助区域、国家流行病学网络和中心/团队开展流行病学相关工作 全球约有10个OIE和FAO协作/参考中心开展小反刍兽疫工作	活动2.1	建立国际小反刍兽疫流行病学网络
	活动2.2	（PPR国际流行病学网络）组织进行数据收集和管理、风险分析和疫病情报等工作
	活动2.3	（PPR国际流行病学网络）组织小反刍兽疫流行病学相关国际会议
	活动2.4	向区域和国家流行病学网络和中心/团队提供培训和技术等支持
	活动2.5	建立PPR-GREN平台
进展3（信息交换和数据分析）拥有PPR信息并可交换 对FAO/OIE/WHO全球早期预警系统（GLEWS）以及FAO的EMPRES-i系统提供支持，以便有关国家和国际社会获得疫情和预警信息或疫情分析报告。OIE国际动物卫生信息系统（WAHIS-WAHID）将继续作为官方疫情信息发布平台运行	活动3.1	（全球控制策略支持）GLEWS信息收集和分析工作
	活动3.2	（全球控制策略支持）WAHIS和EMPRES-i有关疫情信息收集和发布工作
进展4（预防控制体系）具有国际应急响应能力 当一国有要求时，FAO/OIE动物卫生危机管理中心（CMC-AH）可以快速反应，帮助该国评估PPR流行状况，并提出防控建议	活动4.1	一国提出要求时可派出专家团实地开展工作

4.2 强化兽医机构

在国际层面，有关活动主要与OIE代表/首席兽医官及其技术专家参与的国际会议相关，包括OIE每年在巴黎召开的世界代表大会。来自成员国的代表和专家通过参加专家会议（特别工作组、专业委员会等），或是对拟在年度大会通过的《陆生法典》和《陆生手册》草案文本给出评议等方式对OIE标准制修订工作做出贡献。

4.3 结合其他疫病控制工作

在国际层面所能开展的工作与其他PPR防控工作（如特定网络）类似。

第三部分 ■■■■
管理与监控，时间与成本

1 管理

在国际层面（如全球执委会、管理委员会），GF-TADs相关原则和机制仍将发挥作用。在区域层面，GF-TADs区域执委会（RSCs）和GF-TADs RSC秘书处将继续协调促进区域动物卫生工作。全球和区域委员会将涵盖有关国际组织（除FAO和OIE以外的）、区域组织（如AU-IBAR）、区域经济体（如SADC、ECOWAS、IGAD、GCC、ASEAN、SAARC）、重要成员、其他相关方（如捐资方）和私营部门等各方。上述各方每年召开一次会议讨论工作进展，确定如何修改调整策略并负责实施。

将制订PPR全球控制和根除计划（GCEP）、落实全球控制策略内容，有关工作由新成立的FAO-OIE全球秘书处负责。届时将考虑是否保有目前PPR GF-TADs工作组及其作用。

2 监控与评估

2.1 针对小反刍兽疫的活动

监控与评估是实施全球控制策略的重要组成部分。

第一部分4.2和附录3.3所述的PPR监控与评估工具（PMAT）介绍了如何开展监控工作。

每一项活动的执行指标都将成为评估整体工作的参数。评估结果将用于确定下一步工作内容或对既有策略进行修订。

一国既可自评，也可请外部专家进行外评（实地访问）。目前，有关评估工作需在GF-TADs全球PPR工作组的监督下进行（外部独立评估）。

由于小反刍兽疫的传播特性，处于小反刍兽疫流行区的国家无法单独完成小反刍兽疫的防控乃至根除，只有与邻国协作才能实现最终目标。因此，全球控制策略强烈建议有关国家加入所在（次）区域的小反刍兽疫路线图。该路线图是根据FAO和OIE（次）区域分布和小反刍兽疫流行状况设计的。区域路线图中的国家数量和/或其小反刍动物数量应合理分配，以保证监视和监控工作有效开展。

区域小反刍兽疫路线图将向相关国家展示一个长期愿景，并向这些国家提供目标，按照区域路线图给出的渐进方式、重大任务和时间表编制本国防控策略。

为了使各方都接受评估结果，正在制定"可接受程序"以便确定一国所处的防控阶段。它遵循以下几个步骤：

①自评或外评。

②遴选专家根据相关问卷进行评估。目前，此项工作由GF-TADs PPR工作组和（或）受其委托的其他专家负责（直至新GCEP到位，在制定GCEP时将会顾及GF-TADs PPR工作组的现有职责）。

③区域年度PPR路线图会议将审查和讨论相关评估结果。下图划分出了9个（次）区域的各自边界，各区域按此分别制定路线图、召开相关会议。每个区域将成立一个PPR路线图咨询小组（RAG），小组由3名成员，即首席兽医官（经本区域的路线图会议

提名产生）、区域实验室和流行病学网络负责人以及OIE和FAO代表（观察员身份）组成。RAG将对成员相关材料和证据进行审查，确定其所处的临时（需增加材料）或最终控制阶段。RAG相关建议将提交区域路线图会议审议。

要将年度区域PPR路线图实施进展情况向GF-TADs区域和全球执委会进行通报，有关信息将收录到GF-TADs PPR WG报告中（GCEP及其秘书处组建到位后考虑实施）。

区域路线图会议将在区域/次区域层面召开。已根据OIE、FAO成员和现有RECs分布情况划分了9个区域/次区域。有关区域国家名单如下。

南部非洲/南部非洲发展共同体（不包括坦桑尼亚，见东非共同体）	安哥拉，博茨瓦纳，刚果民主共和国，莱索托，马拉维，毛里求斯，莫桑比克，纳米比亚，塞舌尔，南非，斯威士兰，赞比亚，津巴布韦
中非/中非经济与货币共同体	喀麦隆，中非共和国，乍得，刚果共和国，加蓬，赤道几内亚
西非/西非国家经济共同体	贝宁，布基纳法索，佛得角，科特迪瓦，冈比亚，加纳，几内亚，几内亚比绍，利比里亚，马里，尼日尔，尼日利亚，塞内加尔，塞拉利昂，多哥
东非/东非政府间发展组织+东非共同体+卢旺达	布隆迪，吉布提，厄立特里亚，埃塞俄比亚，肯尼亚，卢旺达，索马里，苏丹，坦桑尼亚，乌干达
北非/阿拉伯马格里布联盟+埃及	阿尔及利亚，利比亚，摩洛哥，毛里塔尼亚，突尼斯，埃及
中东+以色列*	海湾合作委员会（巴林，沙特王国阿拉伯，科威特，阿曼，卡塔尔，阿拉伯联合酋长国，伊朗，伊拉克），约旦，黎巴嫩，叙利亚，也门，以色列

中亚	亚美尼亚，阿塞拜疆，格鲁吉亚，哈萨克斯坦，吉尔吉斯斯坦，塔吉克斯坦，土耳其，土库曼斯坦、乌兹别克斯坦
南亚	阿富汗，孟加拉国，不丹，印度，尼泊尔，巴基斯坦
东亚+东南亚+中国+蒙古	柬埔寨，中华人民共和国，印度尼西亚，日本，朝鲜，韩国，老挝，马来西亚，马尔代夫，蒙古，缅甸，菲律宾，新加坡，斯里兰卡，泰国，东帝汶，越南

* 以色列在地理上属于该区域，但在OIE和FAO内划定为欧洲区域委员会（非中东区域委员会）。

2.2 强化兽医机构

作为OIE PVS的一部分，PVS后续任务包括了对成员的评估，这是自前一次评估以来，旨在对其按OIE标准持续提升兽医机构能力取得进展情况进行的评估。

一般而言，OIE建议每2～3年开展一次PVS后续评估。就全球控制策略而言，对那些准备进入下一阶段且最近2年没有进行过PVS或PVS后续评估的国家，建议其进行PVS评估。评估是为了比较与"有利条件"所列内容的差距，继而优化下一阶段工作。

2.3 结合小反刍动物其他疫病的防控活动

除PPR和口蹄疫外，尚无针对其他动物疫病有效的监控评估工具。将来可根据区域特别会议（将进一步确定优先与区域PPR联合防控的动物疫病）决议开发有针对性的监控与评估工具。

3 时间表

3.1 国家、区域和国际层面的内容

基于管理和评估目的，全球策略分为3个五年阶段。大多数国家对全球2015年PPR状况都已经有所了解，2020年预期结果将是基于对其现状的分析和对未来前景的现实评估。

2015年和2030年结果是基于全球策略实施的预期成果。每年可以通过PMAT和PVE工具对国家层面上的进展进行监控。然而，对结果进行精准评估预计要到2020年，这项评估将为活动的持续开展和是否调整变动提供指导，变动可能包括实质性修改，甚至完全重新定位。

5年后，大约30%的国家将达到阶段3，30%的国家达到阶段4。约有40%的国家将实施控制计划，仍有不到5%的国家还处于阶段1中。

10年后，超过90%的国家将处于阶段3或阶段4，这意味着这些国家正处于达到终止病毒循环传播的阶段。由于部分国家可能处在阶段3初期，因而在极少的地区仍有PPRV传播。

PPR呈地方流行国家，在减少和消除病毒循环传播的过程中，PPRV重新传入到无PPR国家的风险将减少。

全球策略将侧重于PPR流行的国家，即位于第0（例如"低于阶段1"）、1或2阶段的国家。对于处于阶段4的国家，目标是保持现有状态并获得OIE官方无疫认可。

预期结果的时间表见表3-3-1（全球）和表3-3-2至表3-3-6（不同地区）。已经按步进式方法估算了处于各阶段的国家数的百分比，这是基于现状的分析和对未来的现实评估。

表 3-3-1　预期结果时间轴——全球

年份	2015					2020					2025					2030				
阶段	0*	1	2	3	4/5	0*	1	2	3	4/5	0*	1	2	3	4/5	0*	1	2	3	4/5
国家数	3	36	32	12	13	0	4	40	25	27	0	0	8	39	49	0	0	0	0	96
国家数百分比	3	37	33	12	15	0	4	42	26	28	0	0	8	41	51	0	0	0	0	100

　　*阶段"0"意味着国家有疑似PPR流行，但情况还不是很清楚，未开展有组织和有效的活动。该国家还不能认定已经进入了PPR逐步控制路径。

　　**2030年，国家将处于阶段4，正在申请获得OIE官方无疫状况认证地位；或"超越"阶段4，因为其已经收到了OIE官方认证（"第5阶段"意味着超出PPR渐进式四步策略范畴）。这也意味着，2030年是全世界终止PPRV循环传播的最终日期，但它不是全球PPR无疫的官方声明日期。

表 3-3-2　预期结果时间轴——非洲

年份	2015					2020					2025					2030				
阶段	0	1	2	3	4/5	0	1	2	3	4/5	0	1	2	3	4/5	0	1	2	3	4/5
国家数	3	19	19	3	11	0	4	25	12	14	0	0	8	24	23	0	0	0	0	55
国家数百分比	5	35	35	5	20	0	7	46	22	25	0	0	15	44	43	0	0	0	0	100

表3-3-3　预期结果时间轴——中东

年份	2015					2020					2025					2030				
阶段	0	1	2	3	4/5	0	1	2	3	4/5	0	1	2	3	4/5	0	1	2	3	4/5
国家数	0	4	3	8	0	0	0	2	5	8	0	0	0	2	13	0	0	0	0	15
国家数百分比	0	27	20	53	0	0	0	13	33	54	0	0	0	13	87	0	0	0	0	100

表3-3-4　预期结果时间轴——中亚、高加索、土耳其

区域	2015					2020					2025					2030				
阶段	0	1	2	3	4/5	0	1	2	3	4/5	0	1	2	3	4/5	0	1	2	3	4/5
国家数	0	5	4	0	0	0	0	5	4	0	0	0	0	5	4	0	0	0	0	9
国家数百分比	0	56	44	0	0	0	0	56	44	0	0	0	0	56	44	0	0	0	0	100

表3-3-5 预期结果时间轴——南亚

区域 阶段	2015					2020					2025					2030				
	0	1	2	3	4/5	0	1	2	3	4/5	0	1	2	3	4/5	0	1	2	3	4/5
国家数	0	3	2	1	0	0	0	3	2	1	0	0	0	3	3	0	0	0	0	6
国家数百分比	0	50	33	17	0	0	0	50	33	17	0	0	0	50	50	0	0	0	0	100

表3-3-6 预期结果时间轴——东南亚、东亚、中国、蒙古

区域 阶段	2015					2020					2025					2030				
	0	1	2	3	4/5	0	1	2	3	4/5	0	1	2	3	4/5	0	1	2	3	4/5
国家数	0	5	4	0	2	0	0	5	4	2	0	0	0	5	6	0	0	0	0	11
国家数百分比	0	45	36	0	18	0	0	46	36	18	0	0	0	45	55	0	0	0	0	100

在区域层面，预期结果是在5年后，已成功实施第二部分阶段3中列出的所有活动，如RLLs和RLECs一起建立区域性流行病学

和实验室网络，定期组织召开区域路线图会议，有效协调有关卫生政策、方法和策略。GF-TADs区域指导委员会的影响力和疫病防控技术指导能力进一步加强。各国政府的政治承诺确保了在5年内由相关RECs接管区域网络。

在国际层面上，全球参考实验室网络（OIE PPR参考实验室和联合国粮农组织PPR参考中心）和全球流行病学中心网络（OIE流行病学协作中心和FAO流行病学中心）将在第一个5年期内建立。PPR-GREN平台也将到位。在此期间以及接下来的10年里，全球GF-TADs指导委员会的全球秘书处以及专门工作小组将继续工作，包括目前PPR GF-TADs工作组（将在讨论GCEP时，重新考虑其使命或维持现有职能）。PPR全球控制和根除计划及其秘书处将在第一个5年期之初开展工作，将在15年内持续实施全球策略。其他工具（如GLEWS、CMC-AH及联合国粮农组织EMPRES-i信息系统）也将在15年期间内使用，开展有效活动。

OIE国际动物疫情信息系统（WAHIS-WAHID）仍将是发布各国官方疫病信息的基础，OIE标准将根据最新的科学信息不断更新。

3.2 强化兽医机构

处于PPR阶段0到阶段2的国家，其兽医机构还不符合OIE的全部标准（PVS关键能力水平低于3级）或者未达到33项相关标准的，在15年内将至少达到所有关键能力标准的3级要求（在极少数情况下达到4级）。

对处于阶段3及以上的国家，其大多数关键能力符合OIE标准（关键能力在3级或以上），在15年的期限内其关键能力水平应维持不变或提高。

表3-3-7显示了关键能力的数量和在每个PPR防控阶段预期的合格水平。

表 3-3-7　每个阶段要符合的 PVS 关键能力的最低数量和水平

项目		PPR 阶段			
		1	2	3	4
关键能力水平	1	0	0	0	0
	2	1	0	0	0
	3	11	11	1	2
	4	0	4	1	2
	5	0	0	0	0
关键能力总数		12	15	2	4

3.3 在国家、地区和国际层面将 PPR 防控与其他疫病防控相结合

　　在区域性会议明确具体病种后将建立防控小反刍动物其他疫病的精确时间表。与 PPR 进行联合防控的候选疫病名单已经提交给 GF-TADs 区域指导委员会。

4　成本

　　需要注意的重要一点是，本策略在实际计算时没有包括组分二内容（强化兽医机构）和组分三内容（结合其他疫病防控工作）的成本。强化兽医机构的支出是一国在审视其自身需求，特别是在自愿基础上用 PVS 差距分析工具进行评估后进行的定向投入。很难估计 PPR 与其他疫病联合防控和根除活动的成本，因为首先要经国家和区域工作组会议确定优先防控疫病目录，而后再制定有针对性的控制策略，这其中有很多不确定性。但应强调的是，兽医机构将从 PPR 防控的投入中受益（如监测体系），最终对提升所有目标国家动物卫生工作水平有益。

这项为期15年的全球策略所需经费为76亿～91亿美元，其中前5年的花费为25亿～31亿美元。最初5年的目标是通过有效的免疫措施使PPR发生率至少下降16.5%。对不同情形的（模拟）测试都表明，通过周密的流行病学和经济分析确定目标风险群体后再实施免疫，能显著降低免疫成本。这些成本包括了各种情形下接近实际情况的疫苗使用量和相应的疫苗投递费用。总体而言，策略实施最初5年的年支出约为5亿美元，这笔费用将用于98个成员近20亿只绵羊/山羊的小反刍兽疫防控工作。这一重大投入将会对3.3亿从事家畜饲养的贫困人群产生积极影响。

两项估算之间的差异涉及：

①对疫苗投递成本的估算——保守测算不支持向混合生产系统进行大批量疫苗投递作业。

②对疫苗免疫频率的估计——保守测算不能对混合生产系统进行年均两次的免疫工作。

③对于疫情调查的估计——保守测算不包括各阶段对疫情背景情况的调查工作。

考虑到各地疫病流行形势迥异，很难精确确定畜群中应免动物的比例。所以测算最初5年的免疫成本时应免动物数量按以下比例进行，即处于阶段2的应免动物数为全国小反刍动物数的20%～50%，处于阶段3的则为20%～75%。更多的信息详见附件5。

这些费用如果均分到那些受保护羊（约10亿只羊），那么平均每只羊每年的投入为0.27～0.32美元。

同每年PPR给全球造成的影响来比，这一成本很小。据估计，每年由于PPR造成的生产损失和死亡动物为12亿～17亿美元。同时还有一个测算，即不实施全球策略，全球用于PPR免疫的成本为2.7亿～3.8亿美元。因此，目前PPR的年直接经济损失为14.5亿～21亿美元，而随着根除策略的成功实施，这一数字将降低为0。需要注意的一个重要事实是，即使没有本策略，未来15年全球仍将为一些缺乏针对性的小反刍兽疫免疫工作花费40亿～55亿美元，而这些投入却无助于小反刍兽疫的最终根除。归纳起来，在当前的防控模式下，全球每只羊每年要投入0.14～0.20美元，但这无济于PPR的根除。

鉴于PPR的重要性和已有技术的可用性，强烈建议资助和启动全球控制和根除PPR策略。

注：最终成本可能与本报告的测算不同，但本报告确实表明成功控制并最终根除PPR在经济上是合算的，也有益于全球许多人的生计。

参考文献

African Union – Inter-African Bureau for Animal Resources (AU-IBAR) / Pan African Veterinary Vaccine Centre (AU PANVAC) & Soumare B. (2013) . Pan African Program for the Control & Eradication of PPR：A Framework to Guide & Support the Control and Eradication of PPR in Africa, 5th Pan African CVOs Meeting, Abidjan, Côte d'Ivoire, 13-15.Available at：file：///C：/Users/jdom/ Saved ％ 20Games/Downloads/20130508_evt_2013041819_abidjan_pan_african_ program_for_the_control_and_eradication_of_ppr_en％ 20 (2) .pdf.

Barrett T., Pastoret P.-P.& Taylor W.P. (2005) . Rinderpest and Peste Des Petits Ruminants：Virus Plagues of Large and Small Ruminants. London：Academic Press, 341.

Elsawalhy A., Mariner J., Chibeu D., Wamwayi H., Wakhusama S., Mukani W. & Toye Ph. (2010) . Pan African strategy for the progressive control of PPR (Pan African PPR Strategy) . *Bull. Anim. Hlth. Prod. Afr.*，58 (3) , 185-193.

Ettair M. (2012) .Stratégie de surveillance et de lutte contre la PPR au Maroc, REMESA：atelier conjoint REPIVETRESEPSA, 12 et 13 Juillet, Tunis, Tunisia.

European Food Safety Authority AHAW Panel (EFSA Panel on Animal Health and Welfare) (2015) . Scientific opinion on peste des petits ruminants.*EFSA Journal*，13 (1) , 3985, 94 pp. doi：10.2903/j.efsa.2015.3985. Available at：www. efsa.europa.eu/efsajournal.

Fernández P. & White W. (2010) . Atlas of Transboundary Animal Diseases. World Organisation for Animal Health (OIE) , 280.

Food and Agriculture Organization of the United Nations (FAO) (2011) . World Livestock Livestock in food security. Rome, Italy.

Food and Agriculture Organization of the United Nations (FAO) (2011) . Special issue：Freedom from the world No. cattle plague：Rinderpest.

Transboundary Animal Diseases.*EMPRES Bulletin*，38，72. Available at：www.fao. org/docrep/014/i2259e/i2259e00.pdf.

Food and Agriculture Organization of the United Nations (FAO) (2011) . Good Emergency Management Practices：The Essentials (N. Honhold, Douglas, W. Geering, A. Shimshoni & J. Lubroth, eds) . FAO Animal Production and Health Manual No. 11. Rome. Available at：www.fao.org/docrep/014/ba0137e/ba0137e00.pdf.

Food and Agriculture Organization of the United Nations (FAO) (2013) . World livestock 2013：changing disease landscapes. FAO, Rome, 130. Available at： www.fao.org/ docrep/019/i3440e/i3440e.pdf (accessed on 3 December 2014) .

Food and Agriculture Organization of the United Nations (FAO) (2013) . Position paper, FAO's approach for supporting livelihoods and building resilience through the progressive control of peste des petits ruminants (PPR) and other small ruminant diseases, Animal Production and Health Position Paper, Rome.

Food and Agriculture Organization of the United Nations (FAO) (2015) . EMPRES-i.Global Animal Disease Information System.Available at：http：// empres-i.fao.org/eipws3g/.

Food and Agriculture Organization of the United Nations (FAO) /International Livestock Research Institute (ILRI) (2011) . Global livestock production systems. Rome, Italy. Available at：www.fao.org/docrep/014/i2414e/ i2414e.pdf.

Food and Agriculture Organization of the United Nations (FAO) /World Organisation for animal Health (OIE) (2012) . FMD Global Control Strategy. Available at：www.fao.org/docrep/015/an390e/an390e.pdf.

Food and Agriculture Organization of the United Nations (FAO) /World Organisation for animal Health (OIE) (2012) . GLEWS：Global Early Warning System for Major Animal Diseases, including Zoonoses. Available at：www.fao. org/docs/eims/upload//217837/agre_glews_en.pdf.

Food and Agriculture Organization of the United Nations (FAO) /World Organisation for animal Health (OIE) (2015) . Crisis Management Centre Animal

Health (CMC-AH) CMC-AH. Available at: www.fao.org/emergencies/howwe-work/prepare-and-respond/cmc-animal-health/en/.

Food and Agriculture Organization of the United Nations (FAO) /World Organisation for animal Health (OIE) (2015) . GF-TADs FAO, available at: www.fao.org/3/a-ak136e.pdf and OIE website, available at: www.oie.int/ en/for-the-media/press-releases/detail/article/new-initiatives-by-the-oie-and-its-partners-to-improve-animaland-public-health-in-africa/.

Food and Agriculture Organization of the United Nations (FAO) /World Organisation for animal Health (OIE) / European Commission for the Control of Foot-and-Mouth Disease (EUFMD) (2011) . PCP FMD guide The Progressive Control Pathway for FMD control (PCP-FMD) Principles, Stage Descriptions and Standards. Available at: www.fao.org/ag/againfo/commissions/docs/PCP/PCP-26012011.pdf.

Lefèvre P.C., Blancou J., Chermette R. & Uilenberg G. (2010) . Infectious and Parasitic Diseases of Livestock, Ed TEC et DOC, Lavoisier, Paris, France, 225-244.

Mariner J. & Paskin R. (2000) . FAO Animal Health Manual 10 – Manual on Participatory Epidemiology – Method for the Collection of Action-Oriented Epidemiological Intelligence Rome, Italy.

Pradère J.-P. (2014) . Improving animal health and livestock productivity to reduce poverty.*Rev. sci. tech. Off. int. Epiz.*, 33 (3) , 735-744.

Steinfeld H., Wassenaar T. & Jutzi S. (2006) . Livestock production systems in developing countries: status, drivers, trends. In Animal production food safety challenges in global markets (S.A. Slorach, ed.) . *Rev. sci. tech. Off. int. Epiz.*, 25 (2) , 505–516.

World Bank (2014) . World development indicators.Available at: www.worldbank.org/en/topic/poverty.

World Organisation for animal Health (OIE) (2010) . Handbook on Import Risk Analysis for Animals and Animals Products, Volume 1. Introduction and qualitative risk analysis, 98.

World Organisation for animal Health (OIE) (2011) . 79th-general-session of the World Assembly of Delegates, Paris, 22-27 May 2011, Resolution No. 18 Declaration of Global Eradication of Rinderpest and Implementation of Follow-up Measures to Maintain World Freedom from Rinderpest. Available at：www.oie.int/ en/for-the-media/79th-general-session/ and http：//www.oie.int/fileadmin/Home/ eng/Media_ Center/docs/pdf/RESO_18_EN.pdf.

World Organisation for animal Health (OIE) (2014) . Manual of Diagnostic Tests and Vaccines for Terrestrial Animals.Available at：www.oie.int/en/ international-standardsetting/terrestrial-manual/access-online/.

World Organisation for animal Health (OIE) (2014) . Guide to Terrestrial Animal Health Surveillance. (A. Cameron, J. Mariner, L. Paisley, J. Parmley, F. Roger, Aaron Scott, P. Willeberg & M. Wolhuter) , 104.

World Organisation for animal Health (OIE) (2014). Terrestrial Animal Health Code. Available at：www.oie.int/ en/international-standard-setting/terrestrial-code/.

World Organisation for animal Health (OIE) (2015) . WAHID World Animal Health Information Database/WAHIS：World Animal Health Information System and OIE Info system. Available at：web.oie.int/home；www.oie.int/en/ animal-health-in-the-world/the-worldanimal-health-information-system/the-oie-data-system/.

World Organisation for animal Health (OIE) (2015) . The OIE PVS Pathway. Available at：www.oie.int/en/supportto-oie-members/pvs-pathway/.

World Organisation for animal Health (OIE) (2015) . The OIE Tool for the Evaluation of Performance of Veterinary Services (OIE PVS Tool) . Available at：www.oie.int/en/support-to-oie-members/pvs-evaluations/oie-pvs-tool/.

World Organisation for animal Health (OIE) (2015) . Vaccine banks.Available at：www.oie.int/en/support-to-oiemembers/vaccine-bank/.